科学出版社"十三五"普通高等教育本科规划教材

水 产 科 学 系 列 丛 书

水生动物病理学实验教程

主　编　杨筱珍（上海海洋大学）

副主编　赵柳兰（四川农业大学）

参　编　洪宇航（西昌学院）

科学出版社

北　京

内 容 简 介

　　本书既介绍了病理工作中必备的工具——显微镜的使用，又介绍了进行病理分析时必要环节的病理记录、样品收集和保存的方法。本书在内容上除了对常见的石蜡切片及 H.E 染色方法的呈现外，还有可用于病理诊断的特殊染色方法和免疫组织化学技术。本书既涵盖病理学基本理论知识如"细胞和组织的损伤""适应与修复"和"炎症和肿瘤"等实验内容，还有用于病理分析的常见的相关统计方法和部分简单易操作的病理生理测定技术。本书是市面上少有的关于水生动物病理的实验指导，然而由于水生动物种类繁多，水生动物病理相关资源有限，本书仅结合水生动物医学专业的水生动物病理实验课程的教学大纲展开，内容上会有局限性，请读者见谅。

　　本书引用了很多学者公开发表的与水生动物病理组织相关的图片和文献资料，在与读者分享相关研究成果的同时，也为读者理解和掌握相关理论知识提供了生动而科学的基础资料。本书将为水生动物疾病诊断和防治提供科学指导，是学习水生动物病理学相关课程的本科生、研究生和爱好者难得的参考材料。

图书在版编目（CIP）数据

水生动物病理学实验教程 / 杨筱珍主编. — 北京：科学出版社，2020.11
（水产科学系列丛书）

科学出版社"十三五"普通高等教育本科规划教材

ISBN 978-7-03-066681-9

Ⅰ.①水… Ⅱ.①杨… Ⅲ.①水生动物—病理学—实验医学—高等学校—教材 Ⅳ.①S94-33

中国版本图书馆 CIP 数据核字（2020）第215255号

责任编辑：刘　丹　周万灏 / 责任校对：严　娜
责任印制：张　伟 / 封面设计：迷底书装

科 学 出 版 社 出版
北京东黄城根北街 16 号
邮政编码：100717
http://www.sciencep.com

北京中石油彩色印刷有限责任公司 印刷
科学出版社发行　各地新华书店经销

*

2020 年 11 月第　一　版　开本：B5（720×1000）
2020 年 12 月第二次印刷　印张：7 1/4
字数：146 000

定价：**35.00 元**
（如有印装质量问题，我社负责调换）

前　言

　　病理学是一门从形态变化着手研究疾病发生、发展的医学基础课。要了解疾病的发生、发展，必须掌握疾病过程中细胞和组织发生何种结构改变的知识，因此，病理学的实验内容有很强的直观性和实践性。本书依照上海海洋大学水生动物医学 2018 版培养方案（修订版），配套水生动物病理学理论课教学内容编写而成。病理学基础知识是病理学课程的基石，本书在实验设计中涵盖病理学基础知识的主要内容，如细胞和组织损伤、适应与修复、血液循环障碍、炎症和肿瘤等。结合水生动物的特殊性，我们补充了特殊染色、免疫组织化学技术和病理生理指标测定等实验，以期为相关专业的老师和学生提供参考。

　　由于水生动物在疾病发生时没有专门的人员或机构进行完整且系统的病理组织样品收集及切片制备，无法形成与人类医学一样的病理图像诊断资源，更无法完成远程病理诊断会诊，因此，水生动物病理学的相关课程较之疾病诊断等课程略有滞后。水生动物病理的研究要面对种类繁多的水生动物，许多水生动物连正常组织形态的相关图谱都不甚完整，系统且完整的病理切片资源更无从谈起。由于现有水生动物病理切片资源的限制，本书无法像人类病理学实验指导一样提供大量现成的样品或切片图像，在实际授课中为准确显示病变特征，会有少量人医教学用片示教。故本书仅作为水生动物病理学实验指导书籍的"初级版本"，期望在同仁们的共同努力下，水生动物病理学实验指导能有更为丰富的"高级版本"。

　　本书在编写过程中，得到了上海海洋大学水产与生命学院领导的大力支持，以及四川农业大学赵柳兰教授和西昌学院洪宇航讲师的帮助，同时也有上海海洋大学水产动物营养繁殖课题组（http://www.crablab.org）部分在读研究生的积极参与。其中，上海海洋大学水产与生命学院 2018 级研究生宋晓哲、宋亚猛和 2019 级研究生石兴亮参与了实验十至实验十二内容的整理、书写和预实验的准备；2019 级研究生石敖雅参与了部分图片的整理（包括图片处理与说明）和部分文稿的校稿工作；2017 级研究生庞杨洋和 2019 级研究生牛超参与了部分文稿的校对工作；2018 级水产养殖专业本科生吴萌瑶参与了线粒体染色实验的编写和预实验的准备；2018 级水产养殖专业本科生郑梓瑶和聂玲负责了少量显微照片的拍摄。在此对以上所有人员表示最衷心的感谢！

　　由于相关积累有限，本书在内容上还不够完善，文中可能会有一些疏漏或不妥，还请各位专家、同仁和读者指教。

主　编

2020 年 3 月

目　录

实验课须知

一、课前准备

实验课前学生应做好实验课相关内容的预习，通过复习课件和查阅相关文献熟悉实验课的内容，了解不同疾病的病理症状及特征。

二、实验材料

（1）实验器材

显微镜、载玻片、滴管、擦镜纸、盖玻片、孵育盒、切片机、水浴锅、剪刀、镊子、毛笔、解剖刀和烘箱等器具。需要实验人员提前了解其用途和用法，以免发生操作意外。

（2）实验药品

乙醇、二甲苯和苏木精等药品。需要实验人员提前了解其特性，以免挥发或曝光失效等，做好储存及防护工作，注意安全。

（3）学习用具

学生应自备实验报告纸、HB 或 2B 铅笔、红蓝铅笔和橡皮等，避免借还引发上课注意力不集中，漏掉重要信息。

三、显微观察要点

进行切片观察时，首先观察切片的组织结构，大致识别组织类型、病变位置和特点；然后先从低倍镜（4× 或 10×）按上下或左右顺序移动切片，观察切片所示组织的全貌，以确定切片中的组织是何种组织，有何种病变及病变处与正常组织间的关系等；再转至高倍镜下观察（20× 或 40×），着重观察病变部分的细胞构成和主要形态特征。

四、实验报告

（1）实验报告应用标准的实验报告纸进行书写，需要打印分析的应用

A4 纸打印，装订整齐，统一上交，并写好实验序号、名称和日期等信息，方便查阅或考核打分。

（2）实验报告涉及绘图的部分，要在全面观察的基础上，选择有代表性或结构典型的部位以代表整个组织或器官的主要内容。用 HB 或 2B 铅笔或红蓝铅笔绘制 H.E 染色切片时，细胞核和嗜碱性颗粒要用蓝色笔绘画，细胞质和嗜酸性颗粒及细胞膜可用红色笔画。绘图后需用 HB 或 2B 铅笔在图右侧标线，标线要平行整齐，不要交叉或随意拉线，以标注结构名称。图下方为图名，图名包括：标本名称、病理变化、染色方法、放大倍数和日期等。绘图时要注意各结构间的大小比例、位置及颜色，线条清晰，不能凭记忆或照图谱临摹。

（3）实验报告书写部分要求全面准确，突出重点，文字简练，条理清楚，回答问题时应根据自己的观察、思考和理解，用自己的语言组织书写。

（4）实验报告应实事求是，严格按照观察到的内容真实地进行绘图和描述。

（5）实验报告保持整洁，独立完成实验作业，不得抄袭。

五、学生要求及课堂纪律

（1）学生应穿着实验服，根据要求佩戴口罩、手套。如果需要无菌操作，应着无菌服或注意用乙醇消毒，以免污染。

（2）上课时将手机调至静音，保持实验室安静，不得迟到及早退。

（3）禁止在实验室吃东西、抽烟、嬉戏等。

（4）实验小组（2～4 人）团结配合，共同完成实验内容，有疑问的可以小声讨论，若仍有争议可以找老师一起解决。

（5）注意爱护实验器材，爱惜实验样品或标本，损坏需照价赔偿。

（6）提交实验报告时，应让老师审阅，若有不当之处，需要认真修改。

（7）离开实验台时，注意打扫实验台，保持台面干净整洁，关好门窗和水电等，无安全隐患后，方可离开实验室。

实验一　显微镜的使用

【实验目的】

了解显微镜的基本构造。

掌握显微镜使用的注意事项。

熟悉显微镜的使用步骤，能够熟练地观察组织及组织切片。

Ⅰ．光学显微镜的使用

【实验用具】

光学显微镜、擦镜纸、组织切 / 玻片和吸管等。

【实验药品】

香柏油、无水乙醇和二甲苯等。

【实验方法】

1. 光学显微镜的构造及作用

光学显微镜是病理学研究工作中的重要工具，其主要由以下部分构成（图 1-1）。

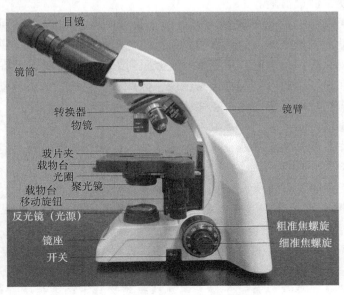

图 1-1　光学显微镜的基本构造

（1）支撑部分：镜座、镜臂、载物台（用于放组织玻片）和镜筒。

（2）光学部件：目镜和物镜（放大物像），反光镜（反射光线并使之射入物镜）和聚光镜（也称为集光器：位于载物台通光孔下方，由两块或数块凹面镜组成，能将反光镜反射来的光线集中，以射入物镜和目镜）。

（3）调节部件：光圈（反光镜反射至物镜的光线由此通过），粗准焦螺旋和细准焦螺旋（调焦距），转换器（转换不同倍数的物镜）和玻片夹（固定组织切片）。

2. 光学显微镜的使用方法

（1）安放：右手握住镜臂，左手托住镜座，把显微镜放在自己前面略偏左的桌面上，这样便于用双眼观察物像，左眼注视目镜内，右眼睁开，便于在观察的同时画图。

（2）对光：打开电源，转动转换器，使低倍物镜正对通光孔，并使物镜前端与载物台有 2cm 左右的距离。只要视野的光亮程度合适，对光即完成。

（3）观察：肉眼先观察组织切片所示位置，初步了解标本全貌，发现病灶的形态和所在部位（包括分布），以便在镜下寻找观察。显微镜对好光后，把待观察的组织切片放在载物台上，注意切片不要放反（盖玻片应朝上），否则在高倍镜检时不仅无法清晰观察，而且易压碎切片，用玻片夹夹住切片，然后移动切片，使切片上的标本位于通光孔的中心后，慢慢转动粗准焦螺旋，直到接近切片为止，然后镜下观察视野内物像至清晰，接着转动细准焦螺旋，使物像最清晰。

（4）再放大：在低倍物镜下选好一个需要放大的目标，移到视野正中心，再转动细准焦螺旋，直到看清楚目标；然后换用高倍物镜。用高倍物镜观察时，镜头离切片很近，稍不小心就会压到组织切片，所以要特别小心。

（5）在显微镜里看到的物像是倒像，因此，要使物像向上移动，就要向下移动组织切片；要使物像向左移动，就要向右移动组织切片。

注意事项：

（1）先用低倍物镜找到目标，观察清楚后，再转换到高倍物镜观察，顺序不能颠倒。

（2）必须保护好镜头，不要用手或硬物接触到镜头内的镜片，擦拭镜头一定要用擦镜纸。需要用油镜观察时，使用香柏油后，要先用二甲苯擦干净香柏油后再用无水乙醇清洁。使用擦镜纸时，注意要朝一个方向轻轻擦拭，尽量不要多次反复使用擦镜纸，也不要捏成团用力擦拭，以免造成镜头损伤。

（3）载物台要保持清洁干燥，不要让组织切片上的液体流到载物台上。

若要制作水装片，一定注意加上盖玻片。

（4）转动准焦螺旋不要用力过猛，以防损伤机件。

（5）使用显微镜过程中若需要离开，请注意关闭电源。

（6）取用显微镜要轻拿轻放，用右手握住镜臂，左手托住镜座。

（7）使用完毕，要把显微镜外表擦干净，将光线调至最暗，载物台降至最低，物镜调至最小倍数，并把镜筒旋至最低处，关上开关，最后把显微镜放入镜箱，送回原处保存。

【实验内容】

光学显微镜的使用与组织切片的观察。

【实验报告】

观察一张组织切片，画出其在高倍物镜（40×）下的细胞或组织结构。

【思考题】

获得显微镜的图像有哪些方法。所获得的图像有何用途。

Ⅱ. 解剖显微镜的使用

【实验用具】

解剖显微镜、载玻片和玻璃培养皿等。

【实验方法】

1. 解剖显微镜的构造及作用

解剖显微镜主要由以下部分构成（图 1-2）。

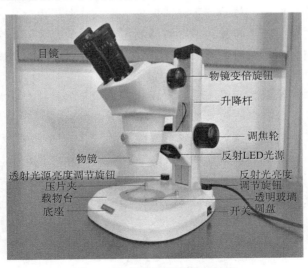

图 1-2　解剖显微镜的基本构造

（1）支撑部分：底座、升降杆（镜臂）和载物台（放组织切片或待观察的物品）。

（2）光学部件：目镜、反射 LED 光源、透射光源亮度调节旋钮和反射光亮度调节旋钮。

2. 解剖显微镜的使用方法

（1）安放：用右手握持镜臂，左手托住底座，小心平稳地取出或移动，把显微镜放在自己前面略偏左的桌面上，这样便于用双眼观察物像，用右眼看着画图。将所观察的物体置于载玻片上或玻璃培养皿中，再放到载物台上，待观察。

（2）调光：打开电源，转动透射光源亮度调节旋钮和反射光亮度调节旋钮，调节至视野的光亮程度合适即可。

（3）调焦：将解剖镜的物镜变倍旋钮旋到最低倍数，通过调焦轮找到最佳成像面，逐渐旋大物镜变倍旋钮的倍数至最佳观察倍数，并且适当调节解剖镜调焦轮，找到最佳成像面。

（4）调节瞳距和视度：如果通过两个目镜观察视场时不是一个圆形视场，调节两个目镜镜筒之间的距离，使之达到能观察到一个完全重合的圆形视场。如果两个目镜的清晰度不一致，则先闭上左眼，通过调焦轮进行调焦，使右边视野达到最清晰；再闭上右眼，睁开左眼，旋转左边目镜上的视度圈，使左边的视野也达到最清晰。

（5）观察结束后，移走载玻片或玻璃皿，关闭光源，将载物台清理干净，用布把镜身擦干净，用防尘罩将解剖镜罩住。

注意事项：

（1）调节焦距时，转动升降杆速度应适度，切勿用力过猛，以免滑丝。

（2）解剖镜须轻拿轻放，不可将其放在实验台的边缘，以免碰翻落地。

（3）解剖镜不使用时，须关闭光源，以免光源开启时间过长，影响其使用寿命。

（4）解剖镜要放在干燥、阴凉、无尘、无腐蚀的地方。使用结束后，要立即擦拭干净，用防尘透气罩罩好或放在箱子内。

（5）经常用擦镜纸擦拭解剖镜的目镜和物镜，有擦不掉的污迹时，可用长纤维脱脂棉或干净的细棉布蘸少量二甲苯或镜头清洗液擦拭。

【实验内容】

解剖显微镜的使用与待观察物的观察。

【实验报告】

观察一个小型水生动物，画出其主要结构图。

【思考题】

以所感兴趣的小型水生动物为例，说明解剖镜的用途。

实验二　大体标本观察与记录、标本 / 样品收集和保存的基本方法

【实验目的】

　　掌握大体标本观察与记录的方法；掌握标本 / 样品收集的方法；掌握标本 / 样品保存的方法。

扫码见本
实验彩图

【实验动物】

　　鱼、蟹和虾。

【实验用具】

　　离心管、标本 / 样品瓶、标签纸、记号笔、解剖剪、注射器、解剖针、平口镊和解剖盘等。

【实验药品】

　　甲醛、甲醇、乙醇和冰乙酸等。

【实验原理】

　　1. 大体标本观察与记录

　　大体标本观察是指观察者对标本进行在体观察，通过解剖观察并书写详细的观察报告，以全面了解动物各实质器官或组织的健康情况，以便为后期动物疾病的医学诊断提供参考。

　　2. 标本 / 样品的收集

　　在标本 / 样品收集时，常常选择大体标本观察后有病理改变或重要生理功能的实质器官或组织。首先，了解所需解剖观察的组织所处的解剖位置和外观形态，然后将需要进一步分析的标本或样品进行收集。

　　3. 标本 / 样品的保存

　　在标本 / 样品收集后需要进行正确保存，以便为后续病理分析做准备。将标本 / 样品放入固定液内，置于合适的容器中加以保存，以达到下列目的：

　　（1）抑制细胞内溶酶体酶的释放和活性，防止自溶；抑制组织中细菌的繁殖，防止组织腐败。

　　（2）使细胞的蛋白质、脂肪和糖等各种成分凝固成不溶性物质，使水溶

性抗原转变为非水溶性抗原，以防止抗原弥散并维持原有的组织形态结构。

（3）固定后的组织对染料有不同的亲和力，染色后会产生不同的折射率，颜色更为清晰鲜明，便于观察。

（4）固定剂往往兼有硬化作用，便于切片。

【实验方法】

1. 大体标本的观察（鱼和蟹的解剖与观察）

（1）鱼的解剖与观察：外形观察完毕（完整度，有无颜色、出血和形态异常），将处死后的鱼左侧向外平放入解剖盘中，用解剖剪由泄殖腔孔（肛门）沿腹中线向前至下颌之间剪开（紧贴皮肤，不要剪坏性腺和肠道组织）；然后由泄殖腔孔向上背侧至脊柱，沿脊柱向头方向剪至鳃盖后缘，沿鳃盖后缘向下剪除左侧体壁，将腹腔和胸腔内的内脏暴露出来，并将左侧鳃盖剪除，以观察鳃（解剖顺序如图 2-1）。原位观察内脏器官的形态，以实质器官鳃、肾、肝胰脏和肠为主（图 2-2）。

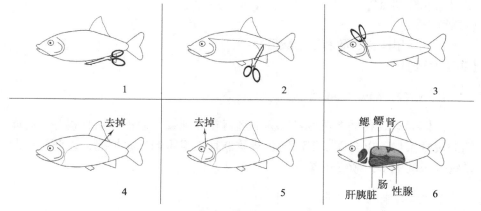

图 2-1　解剖鲫鱼的顺序（苏萌绘）

图 2-2　鲫鱼实质器官原位图

（2）蟹的解剖与观察：取活蟹于冰上进行麻醉后，使其腹部向下，背部向上，头向前，放入解剖盘中。用手抓住蟹壳两侧，并向一侧发力，打开蟹壳后，观察肝胰、鳃和肠（图 2-3）。

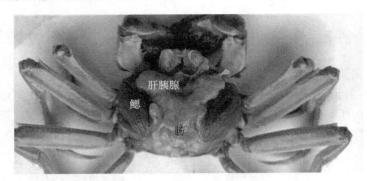

图 2-3　中华绒螯蟹实质器官原位图

2. 大体标本的记录

对上述标本观察后，参照下列内容书写观察报告。

（1）整体识别：首先识别标本（器官或组织）的器官类别及其结构。

（2）外观：观察该标本大小、形状和色泽是否正常（与相应正常脏器比较）。

（3）表面和切面状况：有无突起，切面是否完整。

（4）光滑度：平滑或粗糙。

（5）透明度：器官的包膜是菲薄、透明，还是增厚、混浊。

（6）颜色：暗红或苍白、灰白或灰黑、深黄或棕黄等。

（7）质地：软、硬、韧或松脆等。

（8）大体标本病灶的情况。

1）分布与位置：观察病灶在器官的哪一部位及其分布情况。

2）数量：单个或多个，局限或弥散。

3）大小：体积以长 × 宽 × 高表示，以厘米为计量单位；也可以用常见的实物大小来形容，如米粒大、黄豆大、鸡蛋大和成人拳头大等。

4）颜色：正常器官应保持其固有的色泽，如有不同着色，则往往是由于内源性或外源性色素的影响，比如暗红色，常由于含血量多；黄绿色，常由于含胆汁；黄色，常由于含脂肪或类脂等。

5）形状：圆形、乳头状、菜花状和结节状等。

6）病变与周围组织的关系：境界清楚或模糊，有无压迫或破坏，有无包膜、包膜是否完整和脏器间有无粘连等。

对空腔性器官检查时要注意：器官壁是否增厚或变薄，内壁是否粗糙或平滑、有无突起等，腔内物质颜色、性质、容积及其与器官外壁有无粘连等情况。

3. 标本／样品的收集（实质器官和血液）

对解剖观察中所发现的病变标本／样品（实质器官如鳃、肝和肠等）或血液进行收集。

（1）实质器官标本／样品收集：内脏器官取出有两种常见方法。

1）各脏器分别取出法是病理解剖常用的方法，即对所要观察或进一步分析的病理组织，用解剖剪和平口镊有选择地分别取出。取出时，要注意器官的完整性和单一性（图2-4和图2-5）。

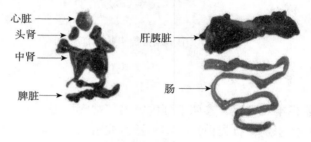

图 2-4　锦鲤体内摘出的部分实质器官（曲明志和潘连德，2016）

图 2-5　中华绒螯蟹体内摘出的部分实质器官

2）多脏器联合取出法比较简单，可保持各器官的完整性及相互关联性（图2-6）。

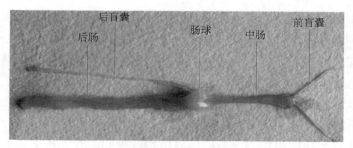

图 2-6　中华绒螯蟹中肠、肠球、后肠和盲囊联合取出

注意事项:

1)标本/样品取材以新鲜为好。

2)标本/样品摘出后要及时处理,去除多余组织,保持切面平整。

3)需要做病理组织学检查时,可自标本/样品背面采取组织材料块;当需要从前面取样时,要用手术刀整齐切取,以不影响标本病变观察为原则。

(2)血液的收集:不同动物有不同的采血方式,同一种动物也会有不同的采血方式。

1)鱼采血(尾静脉):把鱼放到解剖盘上,用湿纱布盖住鱼眼,用一只手固定住鱼体,另一只手在鱼臀鳍位置侧线偏后 1cm 插入注射器的针头,斜向上扎,针与鱼体表呈 40°,直到针头碰到脊柱之后(图 2-7),针稍微往外

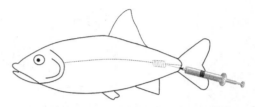

图 2-7 鱼尾静脉采血位置示意图(苏萌绘)

拉出一点,并拉出针管的吸柱,使针管内形成一定负压,血就比较容易被吸出来。若此时仍没有血被抽出来,可慢慢旋转一下针头,待有血被吸出来,即可保持住这个位置,根据所需血量进行收集。

2)蟹采血(第三步足基部):用无菌注射器从蟹的第三步足基部软膜处吸取适量血液(图 2-8)。

图 2-8 中华绒螯蟹第三步足采血位置示意图

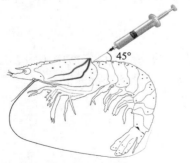

图 2-9 虾围心腔采血位置示意图(苏萌绘)

3)虾采血(围心腔):左手握虾,右手持注射器,针头从头胸甲后缘与身体空隙间进针,针管和头胸甲呈 45°,插入围心腔,吸取适量血液(图 2-9)。可以通过透明的头胸甲看到跳动的心脏。围心腔采血对虾的刺激比较大,虾会剧烈摆动,要注意左手用力控制住虾,右手拿稳注射器。

4）虾采血（足基部）：采血部位在虾的第五步足基部内侧。左手握虾，露出腹部，尽量让虾保持自然伸展状态。右手持注射器，针头尽量与虾身体平行，针尖处是斜面的，较短的一侧朝上，慢慢进针直到针头处的针孔完全进入虾体（不能进针太多，越过针孔即可，图2-10），慢慢向上拉动针管吸柱，吸取适量血液（注意针的位置不能动，否则血淋巴将顺着针孔流出，采血失败）。

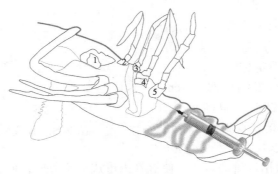

图 2-10　虾足基部采血位置示意图（苏萌绘）

5）糠虾采血（心脏）：将糠虾（体长小于1cm）置于干净载玻片上，解剖镜下找到糠虾心脏位置，可见正在跳动（图2-11），一只手用解剖针固定糠虾，另一只手用细的针尖刺破心脏，见血淋巴流出，即可直接涂抹制成血涂片（此类动物个体小，血量少，不建议收集血液置于容器中）。

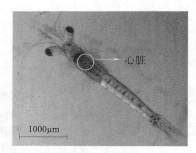

图 2-11　糠虾心脏采血位置示意图

注意事项： 对于血液的不同组分进行分析时，处理的方式也略有不同，如采全血时需要使用抗凝剂，采血清时不需抗凝剂，但需要冷冻离心机等。

4. 标本 / 样品的保存

（1）将所收集的标本 / 样品（实质器官），快速放入固定瓶中（图2-12），随后倒入适量固定液（图2-13），并用标签纸或记号笔进行标记。

图 2-12　部分塑料或玻璃的标本／样品固定瓶

图 2-13　不同固定液下的中华绒螯蟹肝胰腺
苦味酸固定液（左两管）；4% 甲醛固定液（右两管）

常用固定剂

1）醛类固定剂：醛类固定剂是双功能交联剂，其作用是使组织间相互交联，保存抗原于原位。其特点是对组织穿透性强，收缩性小。有人认为它对 IgM、IgA、J 链、K 链和 λ 链的标记效果好，背景清晰，是常用固定剂。

4% 甲醛固定液：40% 甲醛的商品名称是福尔马林。4% 甲醛即一份福尔马林和 9 份水混合而成。甲醛为还原剂，不能与铬酸、重铬酸钾、四氧化锇等氧化剂混合。在某种特定情况下混合时，须在 24h 内使用（图 2-13）。

4% 磷酸缓冲多聚甲醛固定液：取 40g 多聚甲醛（粉末）加入 450mL 蒸馏水中，加热至 55～60℃，滴加 1mol/L NaOH 至溶液变透明，再加 0.2mol/L 磷酸缓冲液（pH7.3），总量达到 1000mL。该固定液常见于免疫组化染色。

2）Bouin（苦味酸）固定液：按饱和苦味酸：福尔马林：冰乙酸 = 75∶25∶5（体积比）的比例混合。若用于免疫组化染色，建议不添加冰乙酸（图 2-13）。

3）酮及醇类固定剂

Clarke 改良液：将 100% 乙醇 95mL 和冰乙酸 5mL 混合，可用于冰冻切片后的固定。

A-F液（乙醇-甲醛液）：95%～100%乙醇溶液90mL和甲醛10mL混合。

Carnoy液：100%乙醇60mL、氯仿30mL和冰乙酸10mL，混合后4℃保存备用。

Methacarn液：甲醇60mL、氯仿30mL和冰乙酸10mL，混合后4℃保存备用。

（2）对所获血液，可结合实验需要进行涂片（形态学观察）或放入适量的离心管经冷冻保存（-20℃常用于生化分析，-80℃常用于分子生物学分析）后进行后续实验。

（3）封固和标签：将收集到的标本/样品放入塑料、玻璃或有机玻璃固定瓶中进行固定并保存，可根据需要选择不同大小和外观的固定瓶（图2-12）。样品勿放在太阳直射及温度较高的房间。样品装瓶后要贴标签，标明器官名称、病变名称、日期及编号等必要项目。

注意事项：

（1）样品固定容器可根据所采样品的大小及保存时间的长短选择相应的容器（如器官较小可选用离心管，时间长的则以玻璃制品为宜）。

（2）新鲜组织尽快取材，越早固定越好，不宜长时间暴露于空气中，如标本水分丢失，则标本将干枯，颜色和形状都会发生变化；如出现标本体积缩小、形状扭曲、颜色变黑等标本病变失真的情况，即失去保存意义。

（3）不同固定剂的性能不一，应根据所要定位的抗原特性，选择适当的固定剂和固定方法。

（4）固定要充分，固定液要充足，固定时间要足够，使组织在短时间内获得均匀一致的固定。

（5）根据标本形状和大小采用相应固定方法，现分述如下。

1）实质性器官（如肝、脾等）质地较硬实，不易被固定液穿透。固定前常用刀片沿器官长轴平整切成1～2cm厚的切片，将欲展示的切面向上放在固定容器中，标本下面可垫上脱脂棉防止底部和固定瓶接触而无固定液渗入。如需完整保留脏器，需先经血管灌注固定，再将标本放入固定液中固定。

2）收集空腔器官（如胃、肠和膀胱等）标本时，需先把浆膜面附带的脂肪去除，之后将器官剪开使黏膜面朝上，顺自然形状用大头针于器官周边固定在硬纸板上，之后使黏膜面向下悬于固定液中。大头针不要伤及黏膜，针尖斜向刺入浆膜。针对膀胱、胆囊等标本时，可填充脱脂棉，再进行固定以保持原有形状。

（6）标本/样品固定后，其形状无法改变，一般不宜再作新切面。

【实验内容】

（1）大体标本观察与记录。

（2）标本 / 样品收集和保存。

【实验报告】

（1）书写大体标本观察报告。

（2）对部分标本 / 样品进行收集和保存后的记录及问题总结。

【思考题】

（1）固定液的选择需考虑哪些因素？

（2）举例说明鱼、虾和蟹的哪些组织适用于多脏器联合取出法？

（3）本次实验获得的病理样品如何保存？举例说明后续可进行哪些分析内容？

实验三　石蜡切片制备及常见染色

【实验目的】

掌握石蜡切片制备和苏木精－伊红（hematoxylin-eosin，H.E）染色的方法；掌握常见特殊染色的原理和方法。

扫码见本实验彩图

Ⅰ．石蜡切片制备和 H.E 染色

【实验用具】

载玻片、盖玻片、烘箱、毛笔、切片刀、切片机、展片机、烘片机等（图 3-1）。

切片机　　　　　　　　　展片机

烘片机

图 3-1　切片机、展片台和烘片机

【实验药品】

梯度乙醇（各浓度乙醇）、二甲苯、石蜡、苏木精等。

【实验原理】

1. 石蜡切片制备

显微切片制作技术是组织学、胚胎学、生理学及病理学等学科研究细胞和组织，生理和病理形态变化的重要方法。由于自然状态下的大部分生物样品较厚，透明性不好，无法仅通过显微镜观察看清其结构，另外细胞内各个结构由于折射率相对很少，即使光线可以透过，也很难辨明，所以在经石蜡切片制备，如固定、脱水、透明和包埋等过程后，将标本/样品材料切成较薄的片状，再用不同的染色方法进行着染，就可以显示不同细胞和组织的形态及其中某些化学成分含量的变化。此外，切片容易保存，是教学和科研中常用的方法。

2. H.E 染色

在普通染色法中，染色液的酸碱度为 6 左右，细胞内的酸性物质如细胞核的染色质、腺细胞和神经细胞内的粗面内质网及透明软骨基质等均被碱性染料染色，这些物质称为嗜碱性物质。而细胞质中的其他蛋白质如红细胞中的血红蛋白、嗜酸粒细胞的颗粒及胶原纤维和肌纤维等被酸性染料染色，这些物质称为嗜酸性物质。如果改变染色液的酸碱度，pH 升高时，则原来被酸性染料染色的物质可被碱性染料着染；pH 降低时，原来被碱性染料染色的物质则可被酸性染料着染，所以说染色液的 pH 可以影响染色的反应。

脱氧核糖核酸（DNA）两条链上的磷酸基向外，带负电荷，呈酸性，容易与带正电荷的苏木精碱性染料以离子键结合而被染色。苏木精在碱性溶液中呈蓝色，故细胞核被染成蓝色。伊红是一种化学合成的酸性染料，在水中离解成带负电荷的阴离子，与蛋白质氨基正电荷的阳离子结合使细胞质染色。细胞质、红细胞、结缔组织、嗜伊红颗粒等被染成不同程度的红色或粉红色，与蓝色细胞核形成鲜明对比。伊红是细胞质的良好染料。

由于组织或细胞的不同成分对苏木精的亲和力不同及染色性质不一样。经苏木精染色后，细胞核及钙盐黏液等呈蓝色，可用盐酸乙醇分化和弱碱性溶液显蓝，若处理适宜，可使细胞核着清楚的深蓝色，细胞质等其他成分脱色；再利用伊红染细胞质，使细胞质的各种不同成分呈现出深浅不同的粉红色，故各种组织或细胞成分与病变的一般形态结构、特点均可显示出来。H.E 染色法是石蜡切片技术里常用的染色法之一，也是组织学、胚胎学、病理学教学与科研中最基本、使用最广泛的方法之一。

【实验方法】

1. 载玻片和贴片剂的处理

新购置的载玻片常带有游离碱质或杂质需经清洗后方可使用。由于组织切片在染色过程中，会涉及多项水溶液浸泡环节，常会引起落片，即所贴的组织从载玻片上脱落，因此选择适当的贴片剂尤为重要。

（1）载玻片的处理：通常可用普通洗洁精清洗。要求高的话，可用超声波洗涤机或配制洗液浸泡至少一夜，洗液配方如下：

酸性重铬酸钾液：重铬酸钾 36g，蒸馏水 1800mL，硫酸 200mL。配制方法：将重铬酸钾加入蒸馏水中溶解后，慢慢加入硫酸，用木棒或粗玻璃棒边加边搅拌（因硫酸属于危险品，此方法慎用）。清洗干净的载玻片可泡入 75% 乙醇溶液内，现用现取并用丝质的干布擦干净后使用。

（2）常用贴片剂：

1）蛋白甘油：将鸡蛋清与甘油 1:1 混匀，然后用解剖针沾一滴混匀后的贴片剂（适量，不能太多）于干净的载玻片上，涂抹均匀，并置于 40℃烘片机上烘干待用。

2）明胶 - 钾明矾：

1% 明胶溶液：取 1g 明胶用蒸馏水加热溶解后定容至 100mL。

0.1% 钾明矾溶液：取 0.1g 钾明矾加 100mL 蒸馏水，加热使其完全溶解。

将两液等量混合即成明胶 - 钾明矾浸泡液。将清洁后的载玻片排列在载玻片架中，再把载玻片架浸至明胶 - 钾明矾浸泡液，将载玻片提出，置于 37℃烘箱中干燥备用。

3）1mg/mL 多聚 L 赖氨酸溶液：取市售多聚 L 赖氨酸 1mL，加入蒸馏水 10mL，置于塑料容器中，将清洁后的载玻片放入该溶液 5min 后，取出放置于无尘干燥箱或 60℃烘箱中烘干备用。所需容器不能用玻璃制品。经该方法处理的载玻片具有很强的贴合能力。

4）APES（氨醛酸乙基硅）：是常用的贴片剂。需要和丙酮配制使用。配制方法：取 APES 1mL，加入丙酮 50mL，充分搅拌均匀备用。将清洁的载玻片放入 APES 液中 20～30sec 后，取出，用丙酮液洗去多余的 APES 液，注意不要留有气泡，晾干备用。经该方法处理的载玻片具有良好的防脱片能力。

2. 石蜡切片的制备

（1）组织样品的固定：以 Bouin 固定液为例（此固定液适合组织结构致密且蛋白质含量较高的组织，如性腺）：用标本/样品体积 2～5 倍的 Bouin 固定液，固定样品 18～24h。

（2）保存：用 70% 乙醇溶液浸泡固定后的组织以洗去黄色固定液，持续时间 24～48h，而后保存于 70% 乙醇溶液中。

（3）脱水：80% 乙醇溶液 45min～1h → 95% 乙醇溶液 Ⅰ 45min～1h → 95% 乙醇溶液 Ⅱ 45min～1h → 100% 乙醇 45min～1h。

（4）透明：100% 乙醇和二甲苯混合液（1:1）40min～1h → 二甲苯

Ⅰ15min→二甲苯Ⅱ15min（透明时间应结合组织渗透能力，酌情改变时间）。

（5）浸蜡：二甲苯和石蜡混合液（1∶1）30～60min →石蜡Ⅰ 40～90min →石蜡Ⅱ 40～90min。

（6）包埋：将用于包埋的石蜡熔化（烘箱温度高出熔点 5～6℃），同时准备好包埋用纸盒。先在纸盒侧面写上包埋样品的名称，然后将熔化后的石蜡倒入纸盒中少许，使盒底部凝固一薄层石蜡，迅速将镊子烤热，用此镊子取出浸好蜡的样品放入纸盒中，使待切面向下放置于纸盒正中央，然后快速倒入熔化好的石蜡至纸盒满后停止，随后将纸盒放入大量冷水中（或自然冷却），待石蜡完全凝固后，取出石蜡块放入纸袋中，标上标本名称、石蜡熔点和包埋时间等。

（7）切片：将包好的蜡块用单面刀片修成长方体或正方体（切面形状为梯形为宜），上下两个边必须平行，样品的四周离蜡块边缘 2～3mm。将蜡块固定在木质蜡垫上，用切片机切片（切片前需调整好蜡块位置，使蜡块上下边平行）（图3-1）。将切好的蜡带用毛笔托于干净的黑／白纸上备用（厚度一般为 5μm）。

（8）贴片

1）酒精灯展片法：取一段蜡带（其内有不多于 2 个样品切面），放于载玻片水面上（载玻片上滴加 1 至 2 滴提前煮沸的蒸馏水），置载玻片于酒精灯上微烘，边烘边水平摇动，待蜡带充分展开后，用吸水纸吸去多余的水，用解剖针或小镊子将蜡带位置调好，随后入 37～40℃烘箱中烘干（过夜）备用。

2）展片机和烘片机联合展片法：取一段蜡带（其内有不多于 2 个样品切面）入展片机水中（提前打开开关，水加热到 40～45℃），对展开的蜡带进行载玻片捞片，使蜡带位于载玻片正中央后，放在烘片机（图3-1）上进行烘片（温度为 40～45℃），随后入 37～40℃烘箱中烘干（过夜）备用（图3-1）。

注：Ⅰ和Ⅱ为同一种溶液，新的标号指更换新液。

3.H.E 染色与封片

（1）0.5%～1% 伊红乙醇溶液：称取伊红 Y 0.5～1g，加少量蒸馏水溶解后，再滴加冰乙酸直至糊糊状。以滤纸过滤，将滤渣在烘箱中烤干后，以95% 乙醇（可以使用相同浓度的工业酒精）100mL 溶解。

（2）苏木精染液（此处配制 3000 mL，配制时可根据所需体积，各成分按比例增减）：苏木精 6g，无水乙醇 100mL，硫酸铝钾 150g，蒸馏水 2000mL，碘酸钠 1.2g，冰乙酸 120mL，甘油 900mL。配制方法：将苏木精溶于无水乙醇，硫酸铝钾溶于蒸馏水，溶解后将甘油与上述溶液混合均匀，最后加入冰乙酸和碘酸钠。

（3）1%盐酸乙醇分色液：将 1mL 浓盐酸加入 99mL70% 乙醇中即可。

H.E 染色操作步骤：将待染的石蜡切片经常规脱蜡入水 [浸入盛有二甲苯的染色缸中，脱蜡 5～15min → 二甲苯和 100% 乙醇（1:1）混合液 3～5min → 100% 乙醇Ⅰ 3～5min → 100% 乙醇Ⅱ 3～5min → 95%、90%、80%、70% 和 50% 乙醇溶液（依次浸入在上述各浓度梯度乙醇中）各 3～5min] → 苏木精液 10～30min → 自来水冲洗 30min（使切片呈蓝色）→ 1% 盐酸乙醇分色液分色 5sec（在显微镜下观察，以细胞核着染而其余背景不着染为宜，注意控制背景）→ 自来水充分冲洗 15min～20min → 50% 乙醇溶液 3～5min → 70% 乙醇 3～5min → 0.5%～1% 伊红乙醇溶液中复染 30sec～5min（复染切片易过染，可用 70% 乙醇分色，数秒～数分钟）→ 常规脱水透明 [80%、90% 和 95% 乙醇溶液（依次浸入上述各浓度梯度乙醇中）各 3～5min → 100% 乙醇Ⅰ 3～5min → 100% 乙醇Ⅱ 3～5min → 二甲苯和 100% 乙醇（1:1）混合液 3～5min → 二甲苯Ⅰ 5min → 二甲苯Ⅱ 5min] → 用中性树胶和盖玻片封片，然后入 40～45℃烘箱中烘 2～3d 或 1 晚。

注：Ⅰ和Ⅱ为同一种溶液，新的标号指更换新液。

结果：苏木精使细胞核内的染色质着紫蓝色；伊红为酸性染料，使细胞质着红色（图 3-2A 和 C、图 3-3B 和图 3-4B）。

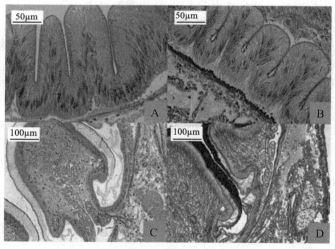

图 3-2 中华绒螯蟹中肠
A、C：H.E 染色；B、D：PAS 染色

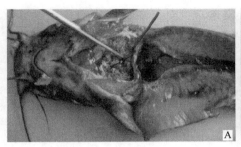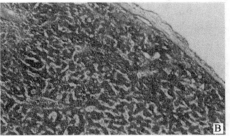

图 3-3　胡子鲇头肾

A. 解剖原位图；B. 头肾组织结构（H.E 染色，100×）

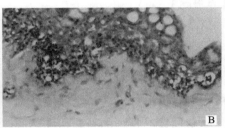

图 3-4　胡子鲇胸腺

A. 解剖原位图；B. 胸腺组织结构（H.E 染色，100×）

注意事项：

（1）固定

1）对于组织不同的特殊染色，可选用不同的固定液。用于免疫组织化学染色的样品，应注意有时商品化的抗体会有比较适合的固定液，请于购置前注意说明书。

2）Bouin 固定液，其对组织的穿透力较强，固定较好，结构完整，但因偏酸，对免疫组织化学染色法识别的抗原有一定损害，且组织收缩明显，不适于组织标本长期保存。

（2）组织脱水及透明：时间不能太长，否则在切片时易碎片，切不完整。

（3）展片：有些组织在切片后难以在水中展开，这时可适当地在水中加入几滴乙醇。

（4）烘片：展片后的切片置于 60℃烘箱中 30min 或 37~40℃过夜，若温度太高或时间太长，则需要着色识别的物质容易丢失。

（5）蜡块及切片保存：最好在 4℃保存。

（6）脱片：为防止组织脱片应使用贴片剂。

（7）分色（染色时）：一定要在显微镜下观察，注意控制背景。

（8）切片脱水透明：切片经 H.E 染色后，要彻底脱水透明，才能用中性树胶封盖。如脱水不彻底，封片后呈白色雾状，镜下观察模糊不清，且易褪色。

【实验内容】

（1）制备完整的 5μm 厚蜡带一条。

（2）获得 H.E 染色切片一张。

【实验报告】

（1）展片过程的比较（比较酒精灯展片与展片机和烘片机联合展片的效果）。

（2）对 H.E 染色后的切片进行镜下观察后绘图，并进行相应文字描述。

【思考题】

本实验遇到的问题及其解决方法有哪些？

Ⅱ. 几种常见的特殊染色

【实验用具】

显微镜、待染的石蜡切片、盖玻片和镊子等。

【实验药品】

特殊染色液（如苏丹Ⅲ、油红 O、甲苯胺蓝和詹纳斯绿等）、乙醇、甘油和中性树胶等。

【实验原理】

1. 脂肪染色

（1）苏丹Ⅲ染色：利用苏丹Ⅲ不溶于水，可着染脂肪的特性，进行苏丹Ⅲ染色。

（2）油红 O 染色：油红 O 为脂溶性染料，在脂肪内能高度溶解，可特异性地使组织内的甘油三酯等中性脂肪着色。

2. PAS 染色（periodic acid-Schiff stain）

PAS 染色又称过碘酸 -Schiff 染色或糖原染色。一般用来显示糖原和其他多糖物质。过碘酸能使糖分子中的二醇基氧化为二醛基，碱性品红中的显色基团是醌式结构，碱性品红在盐酸中酸化，亚硫酸盐导致醌式结构中的双键被破坏，还原成无色透明液体即为无色品红。过碘酸－无色品红法是把细胞质内存在的多糖物质（如黏多糖、黏蛋白、糖蛋白和糖脂等）中的二醇基（CHOH-CHOH）经过过碘酸（pexiodic acid）氧化，转变为二醛基（CHO-CHO），与 Schiff 试剂的无色品红结合形成紫红色化合物，沉积于细胞质中糖类物质所存在的部位。颜色的深浅取决于组织内多糖的乙二醇分子的多寡。

3. 肥大细胞染色

肥大细胞有两种常见的染色方法，即甲苯胺蓝染色和阿尔新蓝－藏红 O 染色法。

（1）甲苯胺蓝染色：甲苯胺蓝是一种属于醌亚胺的碱性染料类，主要含有氨基和醌型苯环两个发色团，其中的阳离子具有染色功能，能与组织细胞的酸性物质结合而被染成蓝色。肥大细胞含有肝素、组胺和 5 羟色胺等，属于硫酸酯，具有异色性，易被碱性染料甲苯胺蓝染成异染性的紫红色。

（2）阿尔新蓝－藏红 O 染色：阿尔新蓝（又称阿尔辛蓝，AB）属于阳离子染料，是显示酸性黏液物质最特异的染料，染料与酸性基团形成盐键。pH 为 1 时，肥大细胞中含有肝素、组胺和 5-HT 等硫酸酯物质中的硫酸根的负电荷与阳离子染料 AB 结合形成盐键，而使带硫酸根的组织或细胞染成蓝色。藏红 O 用作复染剂，将所有的细胞核中的染色质、染色体等染成红色。

4. 线粒体染色（詹纳斯绿法）

詹纳斯绿又称健那绿，是一种活体染色剂，专门用于线粒体的染色。原理是其与线粒体中细胞色素 c 氧化酶结合，从而出现蓝绿色。

5. 神经元尼氏染色

尼氏体是分布于神经元胞质内的三角形或椭圆形小块状物质。当神经元受刺激后，尼氏体数量会出现明显变化，能被碱性染料如亚甲蓝、甲苯胺蓝和焦油紫色等染料染成紫蓝色。

6. Gomori 网状纤维染色

网状纤维由含糖蛋白的胶原蛋白组成，易与氨性银结合，即带正电荷的二氨合银离子能被网状纤维所吸附，经甲醛还原后形成棕黑色金属银，从而使网状纤维显色，可以用来评估肝纤维化病变的进展情况。

【实验方法】

1. 脂肪染色

（1）苏丹Ⅲ染色

1）试剂配制：将 0.1～0.2g 苏丹Ⅲ置于 100mL70% 乙醇中，加热饱和，在未冷前用滤纸过滤，静置一夜即为苏丹Ⅲ乙醇溶液。

2）染色步骤：冰冻切片（8～10μm）置于 70% 乙醇或 10% 甲醛中固定 1min，然后放入苏丹Ⅲ乙醇溶液中 20～30min，70% 乙醇洗去多余的染料，水洗 5min 后，经苏木精复染 2～5min，1% 盐酸乙醇分色液分化，水洗 10min，甘油封固。

3）结果显示：脂肪染成橘黄或红色（图 3-5）。

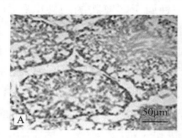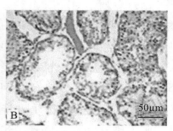

图 3-5　生精小管内脂滴
A. 对照；B. 橘红色为脂滴

（2）油红 O 染色

1）染色步骤：将待染冰冻切片复温干燥，固定液中固定 15min，自来水洗，晾干。切片入 1% 油红染液（1g 油红 O 和 100mL 异丙醇混合液）浸染 8～10min（加盖避光）。取出切片，停留 3sec 后依次浸入两缸 60% 异丙醇分化，各 3sec 和 5sec。切片依次浸入 2 次蒸馏水中浸洗，各 10sec。取出切片，停留 3sec 后浸入苏木精染液复染 3～5min，3 次蒸馏水依次浸洗，各 5sec、10sec 和 30sec。60% 乙醇分色（显微镜下控制着染情况，最佳时停止），2 次蒸馏水浸洗各 10sec，甘油明胶封片剂封片。

2）结果显示：脂肪呈红色（图 3-6）。

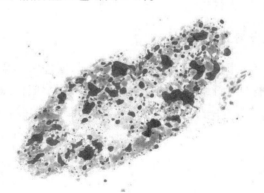

图 3-6　中华绒螯蟹肝胰腺着色的脂肪（200×）

2. PAS 染色（periodic acid-Schiff stain）

（1）试剂配制

1）过碘酸溶液：过碘酸（$HIO_4 \cdot 2H_2O$）0.8g，95% 乙醇溶液 70mL，乙酸钠 0.27g，蒸馏水 20mL 混合后，避光保存于 4℃冰箱内，可用两周。

2）Schiff 液：0.5g 碱性品红加入 100mL 煮沸的蒸馏水中，并置于三角瓶中摇动三角瓶，使之充分溶解，冷却至 50℃时用滤纸过滤，迅速加入 10mL1mol/L 盐酸。冷却至 25℃，加入 0.5～1g 偏重硫酸钠，在室温中避光至少静置 24h，待溶液为淡黄或淡红色，再加活性炭 5g，混合后振荡 1min，静置 1h，再用滤纸过滤，此时溶液应完全无色、清澈透明；若有白色沉淀，就不能再使用，然后密封贮存于棕色瓶中（最好外包黑纸避光），4℃保存备用。

3）亚硫酸水：10mL10% 偏重亚硫酸钠和 10mL1mol/L HCl（8.5mL 盐酸 +91.5mL 蒸馏水）及 200mL 蒸馏水的混合液。

（2）染色步骤：石蜡切片常规脱蜡入水后，入过碘酸溶液 5～10min，流水冲洗 5min 后蒸馏水洗 2 次，每次 2min 后，入 Schiff 液 15～30min；分别浸入亚硫酸水Ⅰ 1min，亚硫酸水Ⅱ 2min，亚硫酸水Ⅲ 2min，流水洗 10min，苏木精染色（淡染）3min，氨水返蓝 30sec，自来水冲洗 1min；梯度乙醇溶液脱水，二甲苯透明，中性树胶封片（此处Ⅰ、Ⅱ、Ⅲ指相同溶液，每次需更换新液）。

（3）结果显示：糖原或黏蛋白呈紫红色，细胞核呈蓝色，如图 3-2B、D 和图 3-7。

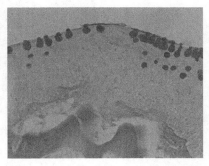

图 3-7　大口黑鲈鳃弓上皮 PAS 阳性细胞（400×）

3. 肥大细胞染色

（1）甲苯胺蓝染色：石蜡切片常规脱蜡入水后，入甲苯胺蓝高锰酸钾染液（将 7.5g/L 甲苯胺蓝溶液煮沸 10min 后，逐滴加入 22.5g/L 高锰酸钾溶液 20mL，10min 后用蒸馏水定容至 100mL，滤纸过滤备用）中染色 30sec，蒸馏水洗 2 次，每次 5min，用 90% 乙醇溶液分色（显微镜下控制），然后梯度乙醇溶液脱水，二甲苯透明，中性树胶封片。

结果显示：肥大细胞胞浆呈蓝色。

（2）阿尔新蓝－藏红 O 染色：用乙酸钠－盐酸缓冲液（pH1.42）配

制 0.36% 阿尔新蓝 8 GX 和 0.018% 藏红花 O 混合染液；石蜡切片常规脱蜡，至蒸馏水后，将切片放入上述混合染液中 30min，蒸馏水洗 2 次，每次 5min，梯度乙醇溶液脱水，二甲苯透明，中性树胶封片。

结果显示：肥大细胞胞浆呈蓝色（图 3-8～图 3-10）。

 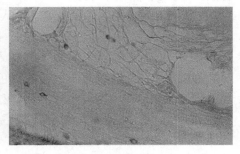

图 3-8　胡子鲇鱼头肾肥大细胞（400×）　　图 3-9　胡子鲇鱼肠肥大细胞（400×）

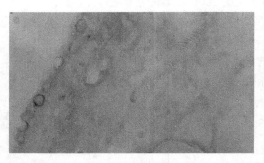

图 3-10　胡子鲇鱼胸腺肥大细胞（400×）

4. 线粒体染色（詹纳斯绿法）

（1）蟹血细胞线粒体染色

1）染色步骤：用 1mL 无菌注射器从蟹第三步足基膜处抽取 0.5mL 血淋巴，与等体积甲壳类动物抗凝剂（甲壳类动物血液抗凝剂：精准称取 10.45g 柠檬酸三钠，19.77g 氯化钠，20.72g 葡萄糖，2.92g EDTA，蒸馏水溶解后，移至 1000mL 容量瓶，定容。）均匀混合。取上述 20μL 混合液于双凹载玻片中，加入 20μL0.5% 詹纳斯绿 B 染色液（用生理盐水配制），染色 20min 后取适量被染后的血淋巴置于载玻片上，盖上盖玻片，置于显微镜下观察。

2）结果显示：在高倍镜下观察，可见中华绒螯蟹血细胞内线粒体为蓝色的颗粒物（图 3-11）。

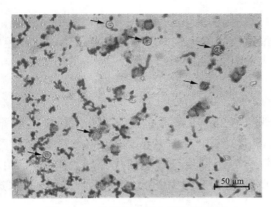

图 3-11　中华绒螯蟹血细胞线粒体

（2）鱼肝线粒体染色

1）染色步骤：选取鱼体形态完整，活力较好且无异常体色和出血症状的鲫鱼，放入解剖盘中，用解剖刀和解剖剪沿鲫鱼泄殖腔孔打开鲫鱼腹腔，并剪去鱼左侧体壁，取出鲫鱼肝脏。在鱼肝脏边缘较薄处，剪取一块组织（长 4~6mm，宽 2~3mm）。在 50mL 烧杯中用生理盐水洗去血液。将两片肝组织分别放在双凹载玻片的凹陷处，加 0.5% 詹纳斯绿 B 染色液，完全浸没组织。染色 20~30min，直至浸没样品边缘变成蓝绿色。将样品转到另一个烧杯中，用生理盐水洗去染液（生理盐水用量恰好浸没组织为宜），然后在 1mL 生理盐水中，用剪刀将组织样品剪碎，释放肝细胞，制成肝细胞悬液。取肝细胞悬液滴加到清洁的载玻片上制成水滴片，在显微镜下进行观察。

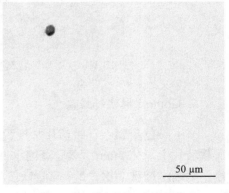

图 3-12　鲫鱼肝细胞线粒体

2）结果显示：在高倍镜下观察，可见鲫鱼肝细胞内线粒体被染成蓝色的颗粒物（图 3-12）。

（3）口腔上皮细胞线粒体染色

1）染色步骤：用牙签宽头在口腔颊黏膜处稍刮取上皮细胞，将刮下的黏液状物涂在载玻片上。滴适量 0.5% 詹纳斯绿 B 染色液（以能覆盖住涂抹物即可），染色 20min，盖上盖玻片，置于显微镜下观察。

图 3-13　人口腔上皮细胞线粒体

2）结果显示：在低倍镜下，选择平展的口腔上皮细胞，换高倍镜观察，可见扁平状上皮细胞核周围胞质中，分布一些被染成蓝绿色的颗粒状或短棒状结构，即线粒体（图3-13）。

5. 神经元尼氏体染色

（1）染色步骤：0.25g甲苯胺蓝加入25mL70%乙醇溶液中，充分溶解后滤纸过滤，即为1%甲苯胺蓝醇溶液。1%甲苯胺蓝醇溶液与新鲜的0.9% NaCl溶液混合成工作液。石蜡切片常规脱蜡入水后，放入60℃烘箱中用1%甲苯胺蓝醇溶液染色40min。水洗后，常规脱水透明，中性树胶封片。

（2）结果显示：神经元胞质中尼氏体呈颗粒状或块状，着染为蓝色（图3-14）。

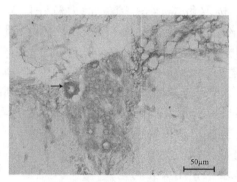

50μm

图3-14　中华绒螯蟹胸神经节神经元内尼氏体

6. Gomori 网状纤维染色

（1）染色步骤：石蜡切片常规脱蜡入水后，滴加0.25%高锰酸钾水溶液在载玻片上氧化5min，然后蒸馏水冲洗2次；2%草酸水溶液漂白组织至白色，蒸馏水冲洗2次；2%硫酸铁铵溶液染色5min，蒸馏水充分冲洗；滴加Gomori银氨染液（建议购买使用）反应5min，蒸馏水冲洗；最后滴加10%中性甲醛还原1min，在蒸馏水中浸洗10min，常规脱水透明后，中性树胶封片。

（2）结果：网状纤维呈黑色，背景呈黄色，如二乙基亚硝胺（DEN）诱导斑马鱼肝组织出现纤维化（图3-15）。

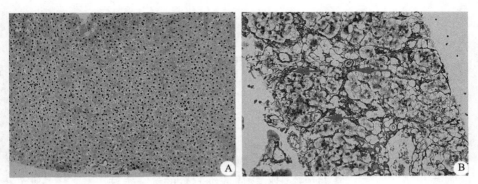

图 3-15　斑马鱼肝组织纤维化（400×）
A. 正常对照组；B.DEN 处理 4 周后（王坤元等，2014）

【实验内容】

　　进行一种或两种特殊染色。

【实验报告】

　　（1）总结染色过程中遇到的问题并进行结果分析。

　　（2）对特殊染色后的切片进行观察后绘图，并进行相应文字描述。

【思考题】

　　对于感兴趣的病理组织，可采用哪种特殊染色？说明使用此染色方法的目的。

实验四　免疫组织化学技术与切片观察

扫码见本
实验彩图

【实验目的】

掌握免疫组织化学染色的方法；掌握免疫组织化学染色后切片的观察与描述方法；掌握免疫阳性物质或细胞数的计算方法。

【实验材料】

待染石蜡切片和已制备好的免疫组织化学染色后的着色切片。

【实验用具】

显微镜、水浴锅、烘箱、孵育盒和移液枪等。

【实验药品】

乙醇，二甲苯，3% H_2O_2，PBS 溶液（0.01mol/L，pH7.4），枸橼酸盐缓冲液（pH 6.0，抗原修复液），5% 牛血清（BSA），一抗（如兔抗抗体），二抗（相对应的羊抗兔抗体）和二氨基联苯胺（diaminobenzidine，DAB）显色剂和中性树胶等。

【实验原理】

免疫组织化学技术（简称免疫组化）是组织化学的一种，是利用特异性抗体与抗原特异性结合的特点，通过化学反应使标记于特异性抗体上的显示剂，如酶、金属离子、同位素等，显示一定颜色，借助显微镜观察其颜色变化，从而在抗原抗体结合部位确定组织、细胞结构的化学成分或化学性质。

结果判定：若为 DAB 显色的切片，可根据阳性标记的显色程度分为：淡黄色，示为弱阳性；棕黄色，示为中等度阳性；棕黑色，示为强阳性。对免疫组化标记结果的意义不能绝对化，应在光镜观察组织形态的基础上，合理使用免疫组化技术，审慎判断其标记的意义。

【实验方法】

1. 免疫组织化学染色方法

常规石蜡切片脱蜡入水至蒸馏水后，放置于孵育盒内，3% H_2O_2（取 50μL30%H_2O_2，加纯甲醇 450μL）室温孵育 20min，以灭活内源性过氧化物酶，然后用 PBS 溶液（0.01mol/L，pH7.4）冲洗 3 次，每次 5min；置于枸橼酸盐缓冲液（pH6.0）中，水浴加热至 94℃，40min，PBS 溶液冲洗 3 次，每次 5min；滴加 5% BSA 封闭非特异性抗原，室温孵育盒内孵育 30min；倾去血清，滴加一抗（如兔抗鼠），孵育盒内 4℃过夜；次日，用 PBS 溶液冲洗 3 次，每次 5min；滴加二抗（即生物素标记的羊抗兔血清，须直接购买），37℃孵育 80min；PBS 溶液冲洗 3 次，每次 5min，DAB 显色，清水冲洗，常规脱水透明，中性树胶封片。阴性对照用 PBS 溶液代替一抗，其余步骤同上。

注意事项：

（1）石蜡切片和冰冻切片均可，但要注意防止脱片。

（2）消除内源性过氧化酶和非特异性背景染色要充分。

（3）PBS 洗涤要充分。

（4）需设置阴性对照。

（5）显色时，注意底物要适量，时间要严格控制，避免假阳性。

2. 免疫组织化学切片观察

（1）蟹肠道和肝胰腺 5-羟色胺（5-HT）和 5-羟色胺受体 2（5-HTR2）的分布（图 4-1）。5-HT 和 5-HTR2 在蟹中肠、肠球和后肠组织中均有分布，免疫阳性物质均呈棕褐色，两物质在中肠和后肠组织中的分布特点较为一致。在中肠，5-HT 和 5-HTR2 免疫阳性细胞主要分布在黏膜上皮细胞间（图 4-1D 和图 4-1G 细箭头所示）、肌层与外膜交界处（图 4-1D 和图 4-1G 粗箭头所示），阳性细胞为细胞核着色；在肠球组织中，5-HT 和 5-HTR2 免疫阳性细胞均匀分布在肠球外周发达的结缔组织中，为细胞核着色（图 4-1E 和图 4-1H "*"号所示）；在后肠，5-HT 和 5-HTR2 免疫阳性细胞主要分布在黏膜上皮细胞间（图 4-1F 和图 4-1I 细箭头所示）和黏膜下层与肌层（图 4-1I 小框内细箭头所示）及肌层与外膜交界处（图 4-1F 和图 4-1I 小框内粗箭头所示），均为细胞核着染，在固有膜部分细胞核中也有分布（图 4-1I "*"号所示）。成年兔小肠阳性对照片呈现明显的阳性反应，阳性细胞主要分布在黏膜上皮间（图 4-1J 细箭头所示）和肌层间（图 4-1J 和图 4-1K 粗箭头所示），用 PBS 代替一抗均呈阴性反应（图 4-1L 所示）。蟹肝胰腺主要由四种细胞组成，它们分别是胚细胞（E-cell，embryonic cell）、泡状细胞（B-cell，blisterlike cell）、吸收细胞（R-cell，resorptive cell）和纤维细胞（F-cell，fibrillar cell）（图 4-1M 所示）。5-HT 和 5-HTR2 免疫阳性物质主要分布在这四类细胞的细胞核，在 F 细胞的细胞质中也有阳性表达（图 4-1N 和图 4-1O 所示，图 4-1）。

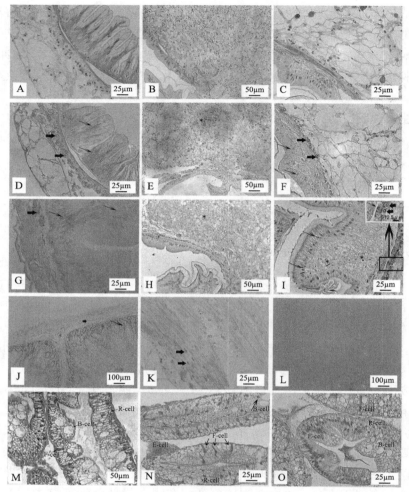

图 4-1　中华绒螯蟹肠道和肝胰腺 5-羟色胺（5-HT）和 5-羟色胺受体 2（5-HTR2）的分布

A～C 和 M 分别为蟹中肠、肠球、后肠和肝胰腺组织结构（H.E 染色）；
其余图片均为免疫组织化学染色

（2）蟹肠道肠突触素内分泌细胞的分布。蟹中肠和后肠肠上皮细胞中均含有肠突触素内分泌细胞，这些内分泌细胞经免疫组化染色后为细胞核着色，呈深褐色，分布于高柱状上皮细胞之间。图 4-2A 为中肠横切 H.E 染色；图 4-2B 为中肠横切，其中"▶"示中肠上皮细胞部分细胞核呈阳性着色；图 4-2C 为后肠纵切，"▶"示后肠上皮细胞细胞核呈阳性着色；图 4-2D 为后肠纵切，"▶"示图 4-2C 阳性细胞着色放大图片；图 4-2E 为兔肠阳性对照，"▶"示兔肠中阳性物质；图 4-2F 为阴性对照。

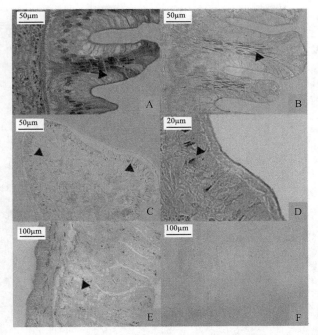

图 4-2　中华绒螯蟹肠道肠突触素内分泌细胞的分布
A. 蟹中肠（H.E 染色）；其余图片均为免疫组织化学染色

（3）日本新糠虾肝胰腺雌激素受体 α（ERα）的分布。日本新糠虾的肝胰腺分为 5 对小叶（图 4-3A）。其肝胰腺细胞类型与蟹相同，主要由 4 种细胞组成：泡状细胞、纤维细胞、胚细胞和吸收细胞，不同部分四种细胞的分布数量不同。肝胰腺中的 ERα 阳性物质呈黄褐色，主要分布在胚细胞、吸收细胞、纤维细胞和泡状细胞的细胞核和细胞质中（图 4-3B～D），其中细胞核表现出强烈阳性，为深黄褐色。

3. 免疫阳性物质或细胞数的计算方法与数据处理

每个样品组至少 3 只及以上动物（$n \geqslant 3$）。每只动物至少 3 张以上非连续切片。

（1）计算阳性物质比例，如肝胰腺小管，可计算出阳性管腔率即阳性管腔数（每管中含有一个阳性细胞或物质者示为阳性管）占所统计管腔数（20～50 个）的比例。如肠绒毛或鳃小片均可类似处理。

（2）计算阳性细胞比例，即统计每张片子中 50～200 个以上同一类型细胞中阳性细胞所占比例。以上数据可用 Excel 进行平均数和标准差的数据处理。

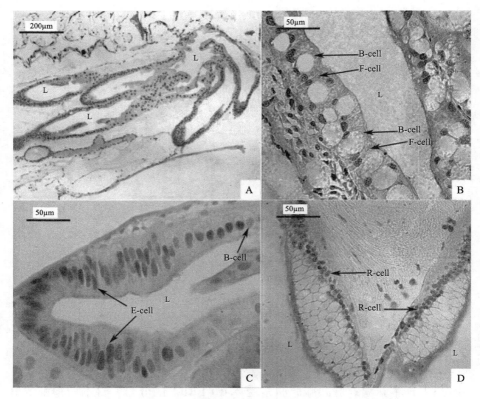

图 4-3   日本新糠虾肝胰腺雌激素受体 ERα 的分布（免疫组织化学染色）
L：肝胰腺管管腔；B-cell、E-cell、F-cell 和 R-cell：泡状、胚、纤维和吸收细胞

【实验内容】

（1）对水生动物组织切片进行免疫组织化学染色，获得一张免疫组化着染切片。

（2）免疫组化切片观察，对免疫阳性物质或细胞数进行计算与分析。

【实验报告】

（1）免疫组织化学切片观察后，绘制并描述免疫组化阳性物质分布情况。

（2）计算免疫组化阳性物质 / 细胞所占比例。

【思考题】

（1）对于特殊的水生动物进行免疫组化染色时应注意哪些问题？

（2）为什么要进行抗原修复？抗原修复的方法有哪些？

（3）如何减少或避免假阳性结果产生？

【附图】

大口黑鲈肠道 5-HT 免疫组织化学切片观察。

　　大口黑鲈中后肠有大量 5-HT 黄褐色深染的颗粒状阳性细胞分布，细胞的形态主要有梭形和球形，主要分布在固有层和黏膜下层，偶见上皮分布（图 4-4）。

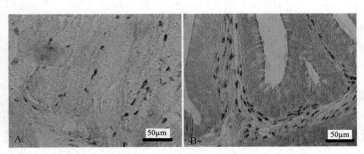

图 4-4　大口黑鲈肠道 5-HT 的分布（免疫组织化学染色）
黄褐色深染的颗粒状细胞为 5-HT 阳性物质（A. 中肠；B. 后肠）
（陈侨兰，2015）

实验五　血涂片制备及血细胞病理形态分析与数据处理

【实验目的】

　　掌握水生动物血涂片制备方法；掌握血液中主要血细胞类型的形态特征；掌握病变后血细胞形态观察及血细胞大小和比例分析的方法。

【实验动物】

　　鱼、蟹和虾。

【实验用具】

　　显微镜、注射器、载玻片、盖玻片、洗耳球、台式和目式测微尺等。

【实验药品】

　　瑞氏染料、吉姆萨染料、甘油和 PBS 等。

【实验原理】

　　血涂片显微镜检查是血液细胞学检查的基本方法，应用极广，特别是对各种血液病的诊断有很大价值。血涂片制作包括血涂片制备和染色两个步骤。血涂片制备就是将一小滴血液均匀涂在载玻片上，呈单层分布，制成薄血片，用于镜下观察。血涂片染色常见的有瑞氏染色和瑞氏吉姆萨染色。瑞氏染色原理为：细胞中的碱性物质，如红细胞中的血红蛋白及嗜酸性粒细胞等与酸性染料伊红结合染成红色；细胞中的酸性物质，如淋巴细胞胞质及嗜碱性粒细胞质中的嗜碱性颗粒等与碱性染料亚甲蓝结合染成蓝色；中性粒细胞的中性颗粒呈等电状态与伊红和亚甲蓝均可结合，染成淡紫红色。瑞氏吉姆萨染色原理与瑞氏染色法基本相同。瑞氏染色的染料配方浓度对细胞核着色程度适中，细胞核结构和色泽清晰艳丽，对核结构的识别较佳，但对细胞质着色偏酸，色泽偏红，对细胞质内颗粒特别是嗜天青颗粒及嗜中性颗粒着色较差。而吉姆萨染液对细胞质着色时，能较好地显示细胞质的嗜碱性程度，特别对嗜天青、嗜酸性和嗜碱性颗粒着色较清晰，色泽纯正，而对胞核着色偏深，核结构显示较差，故可采用以瑞氏染液为主，吉姆萨染液为辅的混合染色。

　　了解常见鱼、虾和蟹类血细胞形态特征是研究病变后此类动物血细胞形态变化的基础。

扫码见本
实验彩图

1. 鱼类血细胞

一般分为以下 7 种。

红细胞为鱼类血细胞的主要组成细胞，呈椭圆形，具细胞核；中性粒细胞（较多，形态多样）；嗜酸性粒细胞（多颗粒呈略红色，少见）；嗜碱性粒细胞（多颗粒呈蓝色，偶见）；单核细胞（体积最大，细胞核占细胞体积一半以上，它是血液中体积最大的血细胞，参与机体的免疫反应，具有清除衰老或损伤细胞的功能）；淋巴细胞（核大，质少，一般根据大小分为大淋巴细胞和小淋巴细胞）；血栓细胞（多呈群，细胞核着色致密，几乎未见细胞质）（图 5-1 和图 5-2）。

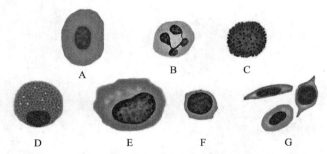

图 5-1　鱼类血细胞模式图（Claver and Quaglia，2009）
A. 红细胞；B. 中性粒细胞；C. 嗜碱性粒细胞；D. 嗜酸性粒细胞；
E. 单核细胞；F 淋巴细胞；G. 血栓细胞

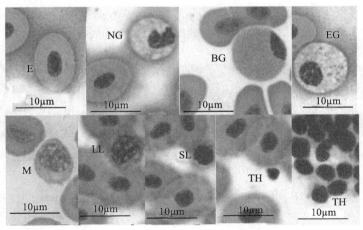

图 5-2　似鲇高原鳅血细胞（瑞氏染色）
E. 红细胞；NG. 中性粒细胞；BG. 嗜碱性粒细胞；EG. 嗜酸性粒细胞；M. 单核细胞；
LL. 大淋巴细胞；SL. 小淋巴细胞；TH. 血栓细胞或聚集成群的血栓细胞

2. 虾或蟹的血细胞

一般分为两种。

颗粒细胞（细胞体积大，呈长椭圆形，细胞质中颗粒明显，细胞核占细胞体积少于50%）和透明细胞（细胞圆形或近圆形，细胞质中无明显颗粒，细胞核体积大于50%），有人将颗粒细胞分为颗粒细胞（G）和半颗粒细胞（SG）（如图5-3），也有人将颗粒细胞分为大颗粒（G）、中间型颗粒（IG）和小颗粒细胞（SG）（图5-4）。

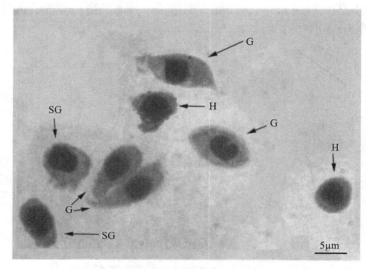

图5-3　日本新糠虾血细胞（瑞氏染色）
G. 颗粒细胞；SG. 半颗粒细胞；H. 透明细胞

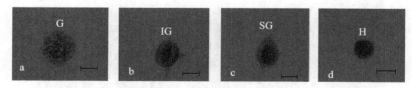

图5-4　中华绒螯蟹血细胞（吉姆萨染色，比例尺：10μm）
G. 大颗粒细胞；IG. 中间型颗粒细胞；SG. 小颗粒细胞；H. 透明细胞

此外，在正常生理情况下，各型血细胞大小、数量及血细胞比例有一定的稳定性。对其进行相关分析，将有助于弄清疾病的类型。如血液中的红细胞减少，可能与贫血有关。血液中的白细胞包括中性粒细胞、嗜酸性粒细胞、嗜碱性粒细胞和淋巴细胞，由于其生理功能不同，所以在不同病理情况下，可引起不同类型白细胞的数量或比例发生变化。一般而言，我们可以进行白细胞计数，并计算出各型白细胞所占比例，根据白细胞的数量来判断身体是否有感染发生，然后再根据白细胞分类来判断是什么类型的感染，应该使用什么类型的药物。如中性粒细胞数量增多常是细菌性感染，淋巴细胞数量增多常为病毒性感染。对所获得的细胞大小和各型血细胞比例进行统计学分析（如 t 检验），以获得与正常值差异的程度，来辨别疾病发生与否及严重程度。

【实验方法】

1. 血涂片制备与染色

（1）血涂片制备：用注射器抽取新鲜全血，然后滴一滴于干净的载玻片上，并用另一个载玻片涂抹均匀（不可来回涂抹），晾干后（室温放置几分钟即可），可用瑞氏染液或瑞氏吉姆萨染液进行染色。

（2）瑞氏染液配制及染色方法：称瑞氏染料 0.1g 于研钵，少量多次加入甲醇至完全溶解，后补充至 60mL 棕色瓶密封保存，可加 3mL 甘油防止挥发。染色时，在自然干燥的涂片上滴加瑞氏染液染 1min，随后加等量 pH6.4 的磷酸盐缓冲液（或等量超纯水）轻轻晃动玻片，室温静置 5～10min；自来水冲洗，自然干燥后，封片或不封片，镜检。

（3）瑞氏吉姆萨染液配制及染色方法：分别进行瑞氏染液（配制方法同上）和吉姆萨染液的配制。吉姆萨染液的配制如下：0.1g 吉姆萨染料放入有 6.6mL 甘油的圆锥烧瓶内，56℃水浴 90～120min，当染料与甘油充分混合后加入 6.6mL 甲醇，充分摇匀后过滤，棕色瓶室温可保存一周。在染色前将瑞氏染液和吉姆萨染液按 10：1 混合，此混合液即为瑞氏吉姆萨染液。染色时，在自然干燥的涂片上滴加瑞氏吉姆萨染液，染色 30～60sec 后，再加等量 PBS（pH6.9）轻轻晃动玻片，室温静置 5～10min；自来水冲洗，自然干燥后，封片或不封片，镜检。

2. 血涂片观察

观察内容包括：血细胞的分布，如血细胞是成群还是分散分布；血细胞形态有无变化，如外观形态（如近圆形、圆形和不规则形等）；血细胞着色变化（如着色深浅和所着颜色）和血细胞大小变化等（如变大还是变小）（图 5-5）。

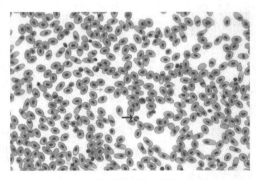

图 5-5 嗜水气单胞菌感染后鲫鱼血涂片（瑞氏染色，200×）中性粒细胞；红细胞

3. 血细胞大小和比例分析

（1）测微尺的使用：显微测微尺是用来测量显微镜视野内被测物体大小或长短的工具，包括目镜测微尺（目尺）和台式测微尺（台尺），用时需两者配合使用。目镜测微尺系在目镜的焦面上装有刻度的镜片而成，其每一刻度值为 0.1mm；台式测微尺为一特制的载玻片，其中央刻有尺度，每一小格的值为 0.01mm（10μm）。使用时，先将目镜测微尺插入目镜管，旋转前透镜将目镜内的刻度调清楚，再把台式测微尺放在载物台上，调焦点到看清楚台尺的刻度为止。观察时先将两者的刻度从"0"点完全重叠，再向右找出两尺在何处重叠，然后记下两尺重叠的格数，以便计算出台式测微尺每小格在该放大率下的实际大小。

计算公式：目镜测微尺上的每小格 = 台尺重叠格数 ×10/ 目尺重叠格数

例如：目镜测微尺上的第五小格与台式测微尺上的第八格重叠，即 8×10

则目镜测微尺上的每小格：16μm =（8×10）/5

测量时不再用台式测微尺，如改变显微镜的放大倍率后，则需对目镜测微尺重新进行标定。

（2）各型血细胞大小和比例的分析：如正常和嗜水气单胞菌感染后异育银鲫，每组各 3 只以上动物，每只动物至少 3 张涂片，每张涂片至少三个视野（约 20～50 个细胞），进行各型血细胞大小和比例分析。

1）通过测微尺测量各型血细胞大小，如细胞长径长、核长径和核质比（核长径长 / 细胞长径长 ×100%）等。根据各型血细胞比例 = 各型细胞数 / 细胞总数 ×100%，算出各型细胞所占比例。

2）对各型血细胞大小和所占比例分别进行两组间统计分析（通常是实验组与对照组间，也可以是不同实验组间）。

所得数据运用 Excel 内的 t 检验或 SPSS14.0 软件进行单因素方差分析，最终数据采用均数 ± 标准差来表示，若 $P < 0.05$，为两组间差异显著。

【实验内容】

（1）血涂片的制备和染色。

（2）血细胞形态观察绘图与描述。

（3）血细胞大小和所占比例分析。

【实验报告】

（1）绘制并描述血细胞形态。

（2）对各型血细胞大小和所占比例进行计算与分析。

【思考题】

（1）血液形态学的变化主要可以从哪些方面进行描述？

（2）当水生动物个体很小时，可以通过哪些简单的办法获得血细胞形态和数量的数据？

（3）对血细胞大小和所占比例进行分析时应注意些什么？

【附图】

1. 患黏孢子虫大黄鱼血涂片观察

正常鱼血涂片可见血液中有大量的红细胞（图 5-6A）；患黏孢子虫病的发病大黄鱼血涂片，可见血液中红细胞数量急剧减少（图 5-6B）。

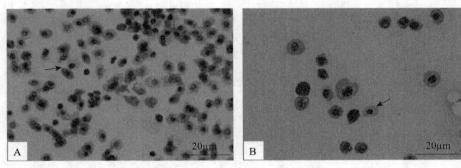

图 5-6　患黏孢子虫的大黄鱼血涂片（瑞氏染色）（施慧等，2019）

2. 鳕鱼病毒性红细胞坏死病血涂片观察

可见单个或多个的病毒包涵体，红细胞核碎裂明显（箭头）（图 5-7）。

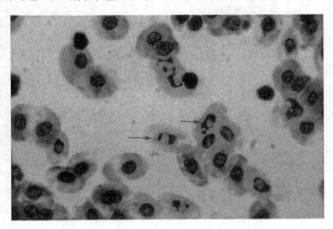

图 5-7　鳕鱼病毒性红细胞坏死病血涂片（吉姆萨染色）（Roberts，2012）

3. 红螯光壳螯虾白斑综合征时血涂片观察

红螯光壳螯虾的血细胞可以分为透明细胞、大颗粒细胞和小颗粒细胞（图5-8A～C），感染白斑综合征病毒后其血细胞出现核固缩（图5-8C和E），空泡化（图5-8D），膜变形或破裂，至濒死期呈典型的溶血状态（图5-8C，I，J），体积膨胀（图5-8F），颗粒释放，部分溶解变性，细胞质溢出至解体（图5-8G～K），细胞数量发生明显变化（图5-8H）。

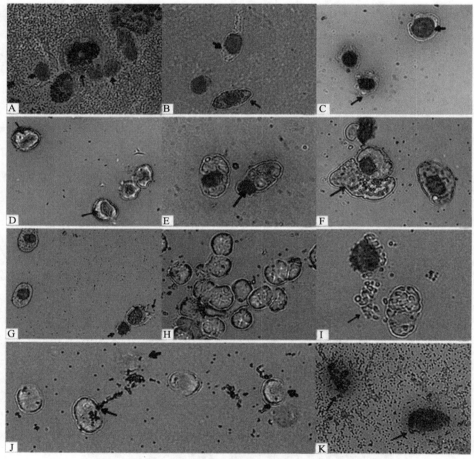

图5-8　红螯光壳螯虾白斑综合征血涂片（瑞氏吉姆萨染色，400×）（王丹丽等，2012）

实验六　细胞和组织的损伤

【实验目的】

掌握常见细胞和组织损伤后的形态变化和描述方法。

了解细胞凋亡常见的检测方法。

扫码见本
实验彩图

【实验材料】

透射电镜照片、变性组织切片、坏死组织切片和凋亡组织切片。

【实验原理】

1. 细胞膜和重要细胞器（线粒体、粗面内质网和溶酶体等）超微结构的变化

（1）细胞膜（cell membrane）是包于细胞表面，将细胞与周围环境隔开的弹性薄膜，厚8～10nm，由脂质和蛋白质构成，故为脂蛋白膜（图6-1）。细胞膜在许多特定场合可向外形成大量的纤细突起（微绒毛、纤毛）或向内形成各种形式的内褶。

常见病变原因：细胞膜通透性的改变（如钠钾泵损伤）；细胞膜流动性异常（鞘磷脂与卵磷脂比值和胆固醇含量异常）；细胞膜受体异常（如遗传性受体病家族性胆固醇血症）；载体蛋白异常（如钙黏附分子 Cadherin 的表达异常）；细胞表面改变促发肿瘤（细胞连接和通讯中断，识别和黏着力下

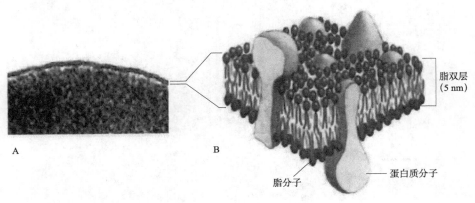

图 6-1　细胞膜结构图（杨玲和李志宏，2019）

降，失去接触抑制，细胞增殖失控和浸润转移等）。

常见病理变化：细胞膜断裂，细胞微绒毛脱落和髓样变化等。

（2）线粒体（mitochondria）由外至内可划分为线粒体外膜、线粒体膜间隙、线粒体内膜和线粒体基质四个功能区。处于线粒体外侧的膜彼此平行，都是典型的单位膜。其中，线粒体外膜较光滑，起细胞器界膜的作用；线粒体内膜则向内皱褶形成线粒体嵴，负担更多的生化反应。这两层膜将线粒体分出两个区室，位于两层线粒体膜之间的是线粒体膜间隙，被线粒体内膜包裹的是线粒体基质（图6-2）。线粒体是细胞能量来源和细胞呼吸的主要场所，是对各种损伤最为敏感的细胞器，其中最常见的是缺氧。线粒体肿胀是细胞损伤时最常见的改变。

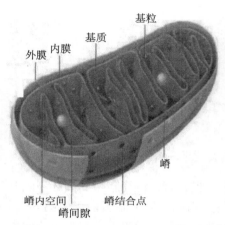

图6-2　线粒体结构模式图（杨玲和李志宏，2019）

常见病理变化：嵴的变化，线粒体嵴是能量代谢的明显指征。嵴数量和形态变化（图6-3）；基质变化（常出现病理性包含物）；线粒体形态变化：髓样变化、增生和空泡化等（图6-4～图6-6）。

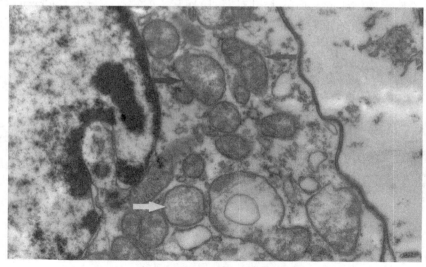

图6-3　中华绒螯蟹胸神经节线粒体（8000×）

红色：正常线粒体；蓝色：线粒体嵴消失；黄色：线粒体扩张且嵴消失

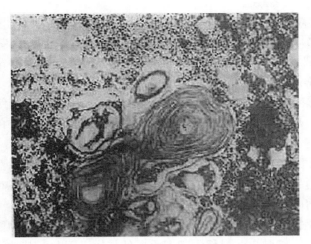

图 6-4　线粒体髓样变化（宋振荣，2009）

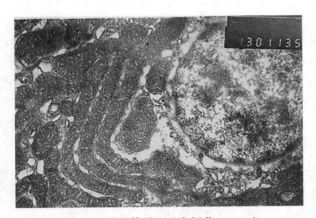

图 6-5　线粒体增生（宋振荣，2009）

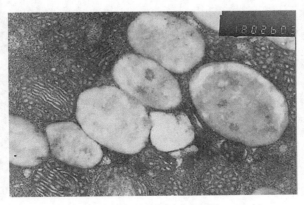

图 6-6　线粒体空泡化（宋振荣，2009）

（3）溶酶体（lysosome）为细胞质内由单层脂蛋白膜包绕的，内含一系列酸性水解酶的小体。形态学上只有联合运用电镜和细胞化学方法才能确认。但是在细胞质中有一系列来源不同的小体符合这一定义，故可将溶酶体区分为以下不同的类型。

1）初级溶酶体是除水解酶类外不含其他物质并尚未参与细胞内消化过程的溶酶体，例如中性粒细胞中的嗜天青颗粒、嗜酸性细胞中的颗粒以及巨噬细胞和一些其他细胞中的高尔基小泡。

2）次级溶酶体是除溶酶体的水解酶外，还含有其他外源性或内源性物质并已参与过细胞内消化过程的溶酶体，即含有溶酶体酶的各种吞噬体，因而称为吞噬溶酶体，由吞噬体与初级或次级溶酶体融合而成。

溶酶体是极为重要的细胞器，能参与细胞的一系列生物功能和无数的物质代谢过程，在细胞自溶过程中起着重要的作用。因此，其功能障碍将导致细胞的病理改变，从而在许多疾病的发病机制中具有重要意义。

常见病理变化：溶酶体增大和数目增多。

（4）内质网（endoplasmic reticulum）是一种主要以单位膜构成的重要细胞器，根据其表面有无核糖体附着分为两种：有核糖体附着的，称粗面内质网（rough endoplasmic reticulum，RER）（图 6-7）；无核糖体附着的，称滑面内质网（smooth endoplasmic reticulum，SER）。人们常以细胞质中粗面内质网的多少，作为评估细胞分化程度和功能状态的指标。疾病状态下，粗面内质网常出现膨胀或扩张（图 6-8 和图 6-9）。

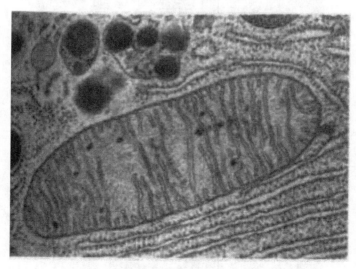

图 6-7　正常粗面内质网和线粒体形态图（杨玲和李志宏，2019）

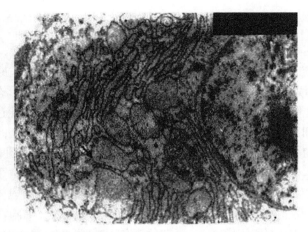

图 6-8　九孔鲍细胞质中膨胀的粗面内质网（宋振荣，2009）

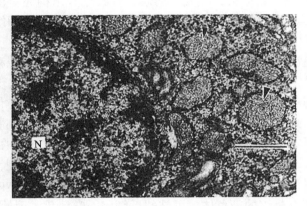

图 6-9　松石鲷神经坏死症脑神经细胞（宋振荣，2009）

2. 细胞变性

变性（degeneration）：致病因素作用下，组织细胞发生代谢障碍，表现为细胞内或间质中异常物质沉积，或正常的某些物质异常增多，其类型主要包括：水样变性、脂肪变性、透明变性、淀粉样变性、黏液样变性、钙化和色素沉积。其中，脂肪变性是指非脂肪细胞的实质细胞胞浆中有大小不等的游离脂肪小滴蓄积。脂肪变性多发生于肝、肾、心等实质器官的实质细胞，尤以肝细胞脂肪变性最为常见。透明变性又称玻璃样变性，是指某些慢性病理过程中，间质或细胞内出现伊红着染的同质、半透明或无结构的蛋白，似玻璃样，主要出现在结缔组织、血管壁和细胞内。

3. 细胞坏死和细胞凋亡

（1）细胞坏死（necrosis）是细胞受到化学因素（如强酸、强碱、有毒物质等），物理因素（如热、辐射和光等）和生物因素（如病原体）等外界环境中存在因素的伤害，引起细胞死亡的现象。坏死细胞的形态改变主要是由下列两种病理过程引起的，即酶性消化和蛋白变性。参与此过程的酶，若来源于死亡细胞本身的溶酶体，则称为细胞自溶（autolysis）；若来源于浸润坏死组织内白细胞内的溶酶体，则为异溶（heterolysis）。细胞坏死初期，胞质内线粒体和内质网肿胀、崩解，结构脂滴游离、空泡化，蛋白质颗粒增多，核发生固缩、碎裂和溶解。随着胞质内蛋白变性、凝固或碎裂，以及嗜碱性核蛋白的降解，细胞质呈现强嗜酸性，故坏死组织或细胞在 H.E 染色切片中，胞质呈均一的深伊红色，原有的微细结构消失。在含水量高的细胞，可因胞质内水泡不断增大，并发生溶解，导致细胞结构完全消失，最后细胞膜和细胞器破裂，DNA 降解，细胞内容物流出，引起周围组织炎症反应（图 6-10）。

（2）细胞凋亡（apoptosis）是借用古希腊语，表示细胞像秋天的树叶一样凋落的死亡方式。1972 年，Kerr 最先提出这一概念，他发现结扎大鼠肝的左和中叶门静脉后，其周围细胞发生缺血性坏死，但肝动脉供应区的实质细胞仍存活，只是范围逐渐缩小，其中一些细胞不断转变成细胞质小块，不伴有炎症，后在正常鼠肝中也偶然见到这一现象。凋亡细胞的主要特征是：①染色质聚集、分块，位于核膜上，细胞质凝缩，最后核断裂，细胞通过出芽的方式形成许多凋亡小体（图 6-10～图 6-12）；②凋亡小体内有结构完整的细胞器，还有凝缩的染色体，可被邻近细胞吞噬消化，因始终有膜封闭，没有内溶物释放，故不会引起炎症；③凋亡细胞中仍需要合成一些蛋白质，但是在坏死细胞中 ATP 和蛋白质合成受阻或终止；④核酸内切酶活化，导致染色质 DNA 在核小体连接部位断裂，形成约 200bp 整数倍的核酸片段，凝胶电泳图谱呈梯状；⑤凋亡通常是生理性变化，而细胞坏死是病理性变化。

细胞坏死与细胞凋亡的主要区别如表 6-1。

表 6-1　细胞坏死与细胞凋亡的区别

区别点	细胞坏死	细胞凋亡
起因	病理性变化或剧烈损伤	生理或病理性
范围	大片组织或成群细胞	单个或分散细胞
细胞膜	破损	保持完整，一直到形成凋亡小体
染色质	呈絮状	凝聚在核膜下呈半月状

续表

区别点	细胞坏死	细胞凋亡
细胞器	肿胀、内质网崩解	无明显变化
细胞体积	肿胀变大	固缩变小
凋亡小体	无，细胞自溶，残余碎片被巨噬细胞吞噬	有，被邻近细胞或巨噬细胞吞噬
基因组 DNA	随机降解，电泳图谱呈涂抹状	有控降解，电泳图谱呈梯状
蛋白质合成	无	有
调节过程	被动进行	受基因调控
炎症反应	有，释放内容物	无，不释放细胞内容物

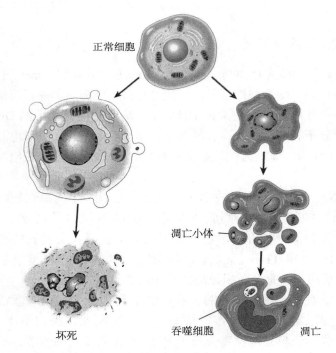

图 6-10　细胞坏死与凋亡的区别（Walker et al.，1988）

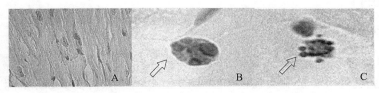

图 6-11　心肌细胞凋亡（TUNEL 染色）（Jugdutt and Idikio，2005）
A. 正常心肌细胞；B. 核碎裂的心肌细胞；C. 形成的凋亡小体

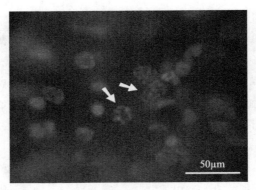

图 6-12　龙虾胶质细胞凋亡核片段化（箭头）（Hoechst 33342 和碘化丙啶双重染色）
（Kolosov et al.，2010）

4．凋亡细胞检测原理

（1）DNA 与 RNA 甲基绿－派洛宁显示法：甲基绿（methyl green）和派洛宁（pyronin）均为碱性染料，因此可与带负电荷的磷酸根形成盐。甲基绿分子有 2 个正电荷，易与双链 DNA 分子结合使细胞核内的 DNA 呈蓝绿色。派洛宁分子有一个正电荷，易与单链 RNA 分子结合使细胞质和核仁内的 RNA 显示红色。细胞凋亡时胞质内的 RNA 往往会增多，被派洛宁着染后显红色。

（2）DNA 原位末端标记技术（TUNEL）法：由于内源性核酸内切酶的激活，将凋亡细胞 DNA 切割成许多双链 DNA 片段以及高分子量 DNA 单链断裂点（缺口），暴露出大量 3- 羟基末端，故用末端脱氧核苷酸转移酶（TdT）将标记的 dUTP 进行缺口末端标记，则可原位特异地显示出凋亡细胞，目前主要应用的是荧光标记法和酶标记法。

（3）电镜观察：细胞凋亡时，在电镜下会出现一些形态学特征，如胞膜有小泡生成，细胞固缩，核质浓缩，染色质凝聚。凋亡小体（apoptosis body）的形成（胞膜分割包裹胞质，内含 DNA 物质及细胞器，形似泡状小体）。许多凋亡小体最终会被邻近的巨噬细胞所吞噬。

【实验方法】

1．切片观察

（1）变性组织

1）脂肪变性：肝肿大发白（图 6-13），切片观察可见大量肝细胞肿胀，胞质内出现空泡化的结构，部分肝血窦淤血（图 6-14）。

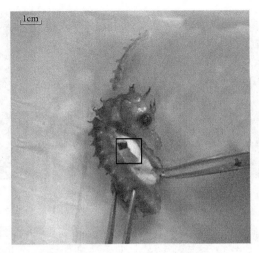

图 6-13　库达海马肝脏发白

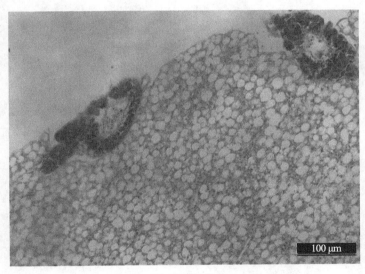

图 6-14　库达海马肝脏淤血和空泡变性

2）透明变性：肾小管上皮细胞细胞质中常出现一种均质无结构的圆球状物，大小不一，伊红染色鲜红（图 6-15）。

（2）坏死组织：蟹白肝综合征时，肝小管上皮细胞坏死脱落，管腔内充满脱落物（图 6-16 和图 6-17）。

（3）凋亡组织：雌激素处理后生精小管出现凋亡的精母细胞经甲基绿–派洛宁染色后，精母细胞胞质内嗜伊红物质明显增多，呈红色。经 DNA 原位末端标记技术（TUNEL）法染色后，凋亡细胞的细胞核着染呈棕色（图 6-18）。

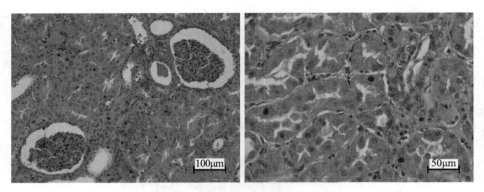

图 6-15　肾小管上皮细胞透明变性

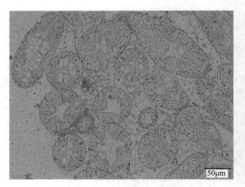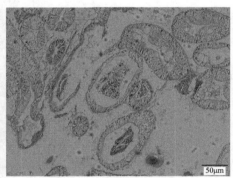

图 6-16　中华绒螯蟹正常肝胰腺　　　　　图 6-17　中华绒螯蟹白肝综合征肝胰腺

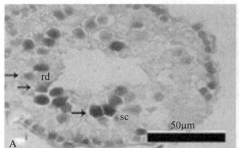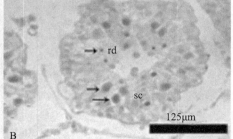

图 6-18　生精小管内凋亡的精母细胞（sc）和圆形精子细胞（rd）
A. 甲基绿–派洛宁染色；B. TUNEL 法染色

2. 凋亡细胞常见的检测方法

（1）DNA 与 RNA 甲基绿–派洛宁显示法：石蜡切片常规脱蜡入水冲洗后入甲基绿–派洛宁混合染液 [5% 派洛宁水溶液 6mL，2% 甲基绿水溶液 6mL，蒸馏水 16mL，1mol/L 乙酸缓冲液（pH4.8）16mL，乙酸缓冲液在染色前才可加入染液中] 中 30min 后，置于纯丙酮与纯乙醇混合液中（1∶1）分色（同 H.E 染色时的分色），脱水 30sec，再置于纯丙酮与二甲苯混合液中（1∶1）20sec 后，树胶封片镜检。阳性凋亡细胞胞核为蓝绿色，细胞质为明显的深红色。

（2）DNA 原位末端标记技术（TUNEL）法：石蜡切片脱蜡至水，用 2% 蛋白酶 K 在 37℃下消化 10min，蒸馏水冲洗；用 3% H_2O_2 阻断内源性过氧化物酶 5min；在 2% 核酸酶 TdT 缓冲混合液（50μL TdT 标准缓冲液，1μL B-dNTP 和 1μL TdT 酶）中，37℃孵育 24h；在 2% anti-Brdu 稀释液中，37℃下作用 1h；2% 链霉卵白素辣根过氧化物酶稀释液中作用 10min 后，用 DAB 显色，显微镜镜下观察，胞核呈棕黄色的为凋亡细胞。

（3）电镜观察：组织经 2.5% 戊二醛及 1% 锇酸固定后，Spur 包埋剂浸透包埋，超薄切片，枸橼酸双氧铀染色后，透射电镜观察。

【实验内容】

（1）借助透射电镜图像，了解细胞膜和重要细胞器（线粒体、粗面内质网和溶酶体等）及细胞凋亡时超微结构的变化。

（2）变性、坏死和凋亡组织的切片观察。

【实验报告】

读片后绘图，并进行相关文字描述。

【思考题】

（1）简述可用于肝坏死形态方面的检测方法有哪些？

（2）论述线粒体损伤常见的病理过程，从形态学上评价的方法有哪些？

（3）列表说明鱼和虾或蟹类肝出现组织病理变化时的异同点有哪些？

【附图】

1. 变性切片观察

（1）肝胆综合征的鲈鱼肝肿大发白（图 6-19）。切片观察肝细胞脂肪或空泡变性（图 6-20）。

图 6-19　鲈鱼肝脏肿大发白（汪开毓等，2012）

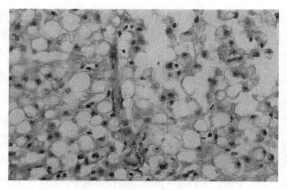

图 6-20　鲈鱼肝细胞脂肪或空泡变性（汪开毓等，2012）

（2）鲟嗜水气单胞菌病肝细胞出现广泛空泡变性（图 6-21）。

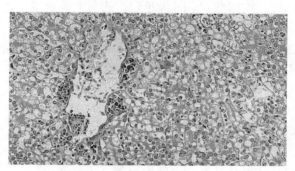

图 6-21　鲟肝细胞空泡变性（H.E 染色，100×）（汪开毓等，2012）

（3）缺氧和铜中毒引起鲤鱼肝脏脂肪变性（图 6-22）。

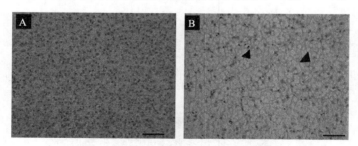

图 6-22　鲤鱼肝脏（Mustafa et al.，2012）
A. 对照组；B. 脂肪变性（箭头）（H.E 染色，比例尺：50μm）

2. 坏死切片观察

（1）缺氧及铜暴露下，鲤鱼肝细胞坏死，部分肝细胞溶解消失（图 6-23）。

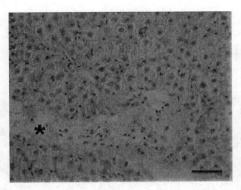

图 6-23　鲤鱼肝细胞坏死（＊）（H.E 染色，比例尺：50μm）（Mustafa et al.，2012）

（2）鲤春病毒血症时，患病虹鳟肝组织局灶性坏死，可见中央区为红色，无细胞结构（图 6-24）。

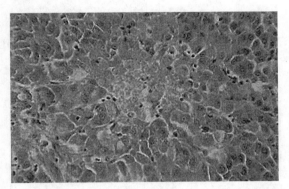

图 6-24　虹鳟肝组织坏死（H.E 染色，400 ×）（汪开毓等，2012）

（3）肠黏膜上皮坏死、脱落，固有膜与黏膜下层大量炎症细胞浸润（图 6-25）。

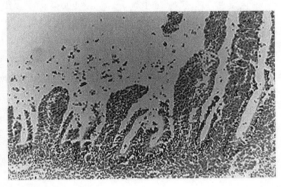

图 6-25　肠黏膜上皮坏死、脱落（H.E 染色，200 ×）（汪开毓等，2012）

3. 凋亡切片观察

　　大西洋鲑被胰腺病毒感染后，肝细胞出现大量凋亡，空泡化，肝细胞完整性丧失，核固缩（图 6-26 和图 6-27）。

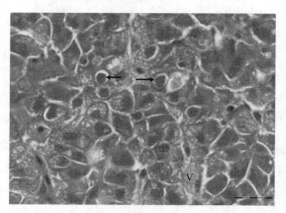

图 6-26　大西洋鲑肝细胞凋亡（箭头）和空泡化（V）（H.E 染色，比例尺：20μm）
（Noguera and Bruno，2010）

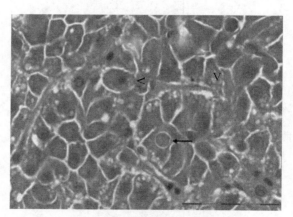

图 6-27　大西洋鲑肝细胞核固缩（＜）、
凋亡（箭头）、空泡化（V）（H.E 染色，比例尺：50μm）（Noguera and Bruno，2010）

实验七 适应与修复

扫码见本
实验彩图

【实验目的】

掌握细胞适应与修复时常见组织形态变化和描述方法。

【实验材料】

肝间质增生切片、鳃上皮细胞增生切片、肉芽组织切片。

【实验原理】

适应（adaptation）：当内外环境发生某些变化时，机体的细胞、组织和器官往往通过改变自身的机能、代谢和结构的一些特性，使机体和环境之间的矛盾达到统一，机体对环境的这种反应，称为适应。适应分为四种方式：萎缩、肥大、增生和化生，其中萎缩是对外界环境条件不好时的适应（消极应对）；肥大和增生是对外界环境条件好时的适应（积极应对）；化生是形式的完全改变。

增生（hyperplasia）：组织、器官内组成的细胞数目增多，称为增生。常发生在具有增殖分裂能力的细胞，如表皮组织、子宫内膜和纤维细胞等，而不出现于心肌、骨骼肌和神经细胞等。增生细胞的各种功能物质如细胞器和核蛋白并不增多或仅轻微增多。一般来说，增生对机体适应反应具有积极意义，但有时也可转化为肿瘤。常见间质纤维组织增生的实质器官有肝和脾。鳃上皮细胞增生（hyperplasia of gill epithelial cells）可发生在炎性水肿时。由于鳃丝或鳃小片上皮细胞增生，病变部位的鳃小片之间的缝隙逐渐被上皮细胞所填满，鳃小片融合，使鳃丝呈棍棒状。

肉芽组织（granulation tissue）是由新生的毛细血管、增生的成纤维细胞及炎细胞组成的幼稚结缔组织。组织损伤后常通过肉芽组织修复。肉芽组织在完成溶解、吸收创口内坏死组织和填补创口的任务后，逐渐成熟，成纤维细胞停止分裂增殖，不断产生胶原纤维，并转变为纤维细胞，许多新生的毛细血管闭合消失，随后肉芽组织逐渐转化成为血管稀少的，主要由胶原纤维组成的灰白色坚韧的瘢痕组织。

【实验方法】

1. 肝间质增生切片观察

肝间质增生并伴有肝细胞空泡变性（图 7-1）。

低倍镜下：肝间质增厚，结缔组织异常增生。肝实质细胞受挤压不易辨认，肝窦扭曲、狭窄，甚至消失，肝细胞大小不等，部分细胞的细胞质空亮。

高倍镜下：细胞质空亮的肝细胞胞质内有大小不等、分布不均、周界清楚的圆形或类圆形空泡，有的空泡较大，将细胞核挤至细胞一侧。

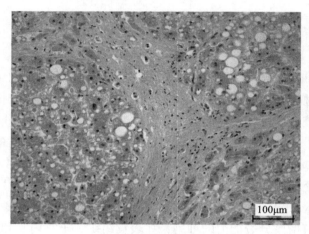

图 7-1　肝间质增生

2. 鳃上皮细胞增生切片观察

细菌性烂鳃病鱼鳃小片上皮细胞增生，上皮增厚，鳃小片间有融合趋势（图 7-2 和图 7-3）。

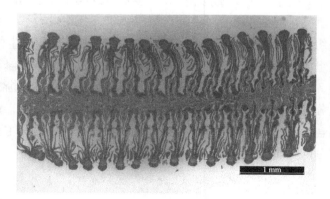

图 7-2　正常鱼鳃丝

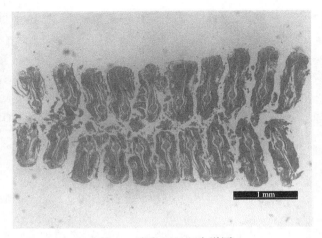

图 7-3 病鱼鳃丝上皮增厚

3. 肉芽组织切片观察

观察肉芽组织的基本构成：肉芽组织是由新生的毛细血管（由薄层扁平上皮细胞围成的管腔，内有大量的血细胞），增生的成纤维细胞（体积较大、色蓝、胞体多突起、胞质较多并成群分布）及炎细胞（成群分布的淋巴细胞、巨噬细胞或中性粒细胞）构成（图 7-4 和图 7-5）。

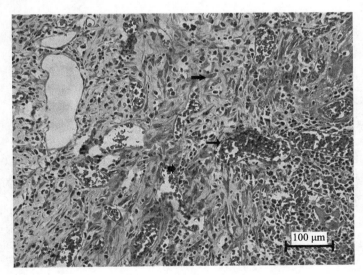

图 7-4 肉芽组织（一）

毛细血管（细箭头）；成纤维细胞（中粗箭头）；炎细胞（粗箭头）

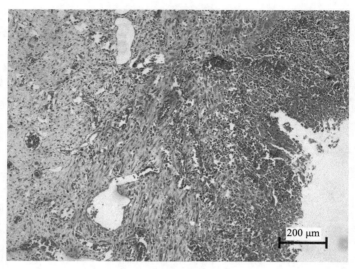

图 7-5　肉芽组织（二）

【实验内容】

　　肝间质增生、鳃上皮细胞增生和肉芽组织切片观察。

【实验报告】

　　观察切片后绘图，并进行相关文字描述。

【思考题】

　　（1）肝纤维化是不可逆的吗？有何结局？

　　（2）化生常见的组织或细胞类型有哪些？

　　（3）肉芽组织的功能与作用有哪些？

【附图】

　　1. 鲟鱼纤维化肝切片观察

　　患病鲟鱼肝表面出现结节。切片观察下发现：与正常肝相比（图 7-6），患病鲟鱼肝表面结节处，肝细胞间组织呈现纤维化，即肝间质结缔组织异常增生，肝实质细胞减少（图 7-7）。

图 7-6　正常鲟鱼肝组织切片（H.E 染色，100×）（杨仕豪，2016）

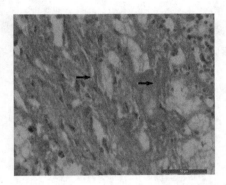

图 7-7　鲟鱼肝纤维化（H.E 染色，400×）（杨仕豪，2016）

2. 虹鳟肝硬化切片观察

图中右部的肝间质胶原纤维增生，数量变多，经特殊染色后呈蓝色（图 7-8）。

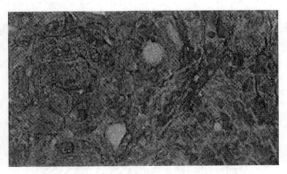

图 7-8　虹鳟肝硬化（Azan 染色）（宋振荣，2009）

3. 脾间质增生切片观察

患链球菌病斑点叉尾鮰脾间质增生时，组织充血、出血、淋巴细胞减少，脾间质成纤维细胞显著增生（图 7-9）。

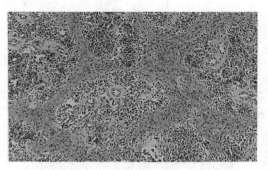

图 7-9　鮰脾间质增生（H.E 染色，200×）（汪开毓等，2012）

4. 鳃上皮细胞增生切片观察

（1）铜中毒时，鳃小片上皮增生，鳃丝呈棍棒状（图 7-10）。

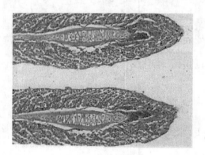

图 7-10　鳃小片上皮增生（H.E 染色）（汪开毓等，2012）

（2）高温下，热带珊瑚礁鱼鳃小片顶端上皮增生融合（图 7-11）。

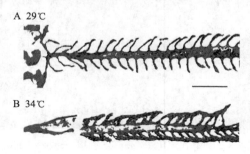

图 7-11　珊瑚礁鱼鳃小片顶端上皮增生融合（H.E 染色，比例尺：100μm）（Bowden et al.，2014）

A. 未融合；B. 融合

（3）缺氧和铜中毒引起鲤鱼鳃小片变短、基部增生、细胞坏死和鳃小片融合（图 7-12）。

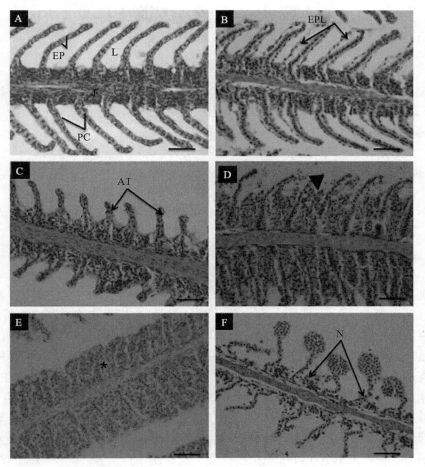

图 7-12　鲤鱼鳃结构变化（H.E 染色，比例尺：50μm）（Mustafa et al.，2012）
A. 对照组（EP. 上皮细胞；L. 鳃小片；F. 鳃丝；PC. 柱细胞）；
B. 上皮脱落（EPL）；C. 鳃小片变短（AT）；D. 鳃小片基部细胞增生（▼）；E. 鳃小片融合（＊）；
F. 鳃小片基部间有坏死细胞（N. 坏死细胞）

实验八　血液循环障碍

【实验目的】

掌握局部血液循环障碍后，重要组织形态变化和描述方法。

扫码见本
实验彩图

【实验材料】

淤血切片、鱼尾静脉血栓。

【实验原理】

出血（hemorrhage）：血液逸出心脏或血管之外，称为出血。

充血（hyperemia）：机体的某器官或组织血管扩张、含血量增多的现象，可分为动脉性充血和静脉性充血，动脉性充血又称为主动性充血。

淤血（congestion）：由于静脉回流受阻，血液淤积在小静脉和毛细血管内，导致局部组织中静脉血含量增多的现象，称为静脉性充血，又称被动性充血。

血栓形成（thrombosis）和血栓（thrombus）：在活体的心脏或血管内，血液发生凝固或血液中某些有形成分析出、黏集，形成固体质块的过程，称为血栓形成，此时所形成的固体质块称为血栓。斑马鱼与人类基因组的相似度高达 87%，由于斑马鱼幼鱼通体透明，血细胞在心脏和血液循环系统的堆积非常容易观察，因而利用斑马鱼模型研究心脏畸形及血栓形成极为方便。张勇等（2015 年）发现苯肼能通过损伤血管内膜，促进血小板黏附、聚集及血管活性物质释放的方式，诱发斑马鱼尾静脉血栓。由于斑马鱼尾静脉血栓长度与心脏红细胞数（红细胞染色强度）成反比，且两者之间呈明显的相关性。因此，可以通过定量斑马鱼心脏中的红细胞染色强度对尾静脉血栓进行定量评价。

【实验方法】

1. 肝淤血切片观察

切片红染区增多，细胞排列混乱（图 8-1）。肝中央静脉充满血细胞，肝血窦扩张，其内充满血细胞，肝细胞受压常出现变性或坏死。

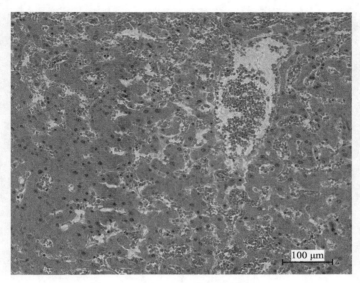

图 8-1　肝淤血

2. 鱼尾静脉血栓观察

显微镜下观察，当血栓发生后，鱼心脏红细胞数量减少，甚至变为无色（图 8-2），而鱼尾静脉血栓明显增大（图 8-3）。

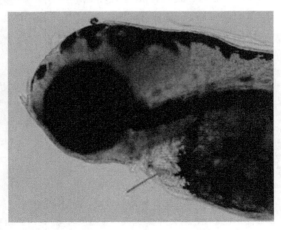

图 8-2　2μmol/L 苯肼处理后斑马鱼心脏红细胞（张勇等，2015）

【实验内容】

淤血切片和鱼尾静脉血栓观察。

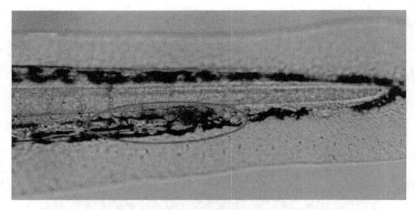

图 8-3　2μmol/L 苯肼处理后斑马鱼尾静脉血栓（张勇等，2015）

【实验报告】

观察后绘图，并进行相关病理文字的描述。

【思考题】

如何构建鱼类血液循环障碍模型？

【附图】

1. 出血、充血和淤血大体观察

此过程常出现在不同疾病、不同种类病鱼或同一种类病鱼的不同部位中。

（1）鲤疱疹病毒2型感染的鲤鱼，发现鲤鱼的鳃、鳍和鳔出血（图8-4）。

图 8-4　鲤鱼鳃、鳍和鳔出血（Wu et al.，2013）

A. 鳃和鳍出血（黑色箭头），尾鳍发白（白色箭头）；B. 鳔出血

（2）患传染性套肠症的斑点叉尾鮰，发现患病鱼下颌充血、发红，并有出血点（图 8-5）。

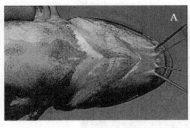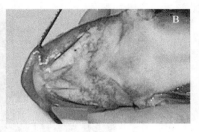

图 8-5 鲴鱼下颌充血、发红,有出血点(汪开毓等,2012)

(3)嗜水气单胞菌病造成的杂交鲟鱼腹腔壁出血,并伴有肝脏发白(图 8-6)。

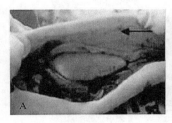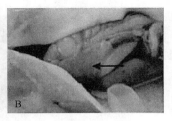

图 8-6 鲟鱼腹腔壁出血点和肝脏发白(徐祥等,2014)
A.腹腔壁出血点;B.肝脏发白

(4)弧菌病引起的杂交石斑鱼和亚洲鲈鱼肝脏或肾脏出血(图 8-7)。

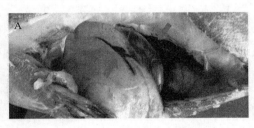

图 8-7 杂交石斑鱼和亚洲鲈鱼肝脏或肾脏出血(Mohamada et al.,2019)
A.杂交石斑鱼的肝脏(红色箭头)和肾脏(蓝色箭头)严重出血;B.亚洲鲈鱼肝脏严重出血

(5)鲟肝脏肿大、淤血和出血(图 8-8)。

(6)患肠型点状气单胞菌病的草鱼肠道充血、出血和发红(图 8-9)。

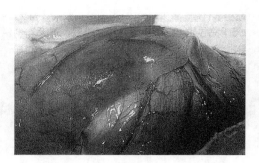

图 8-8　鲟鱼肝脏肿大、淤血和出血（汪开毓等，2012）

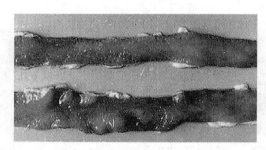

图 8-9　患病草鱼肠道充血、出血和发红（汪开毓等，2012）

（7）无明确病原的患病鲟鱼脾脏出血，脾外观呈黑红色（图 8-10）。

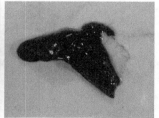

图 8-10　鲟脾脏出血（杨仕豪，2016）

2. 出血、充血和淤血切片观察

（1）无明确病原的患病鲟脾脏大面积出血，并伴有炎性细胞浸润（图 8-11）。

（2）杀虫剂暴露后金鱼肾组织，肾间质明显出血（图 8-12）。

（3）铜中毒后鳃小片末端毛细血管充血，膨大成囊状（图 8-13）。

（4）鲟嗜水气单胞菌感染后，患病鱼肝脏淤血，并伴有肝细胞空泡变性（图 8-14）。

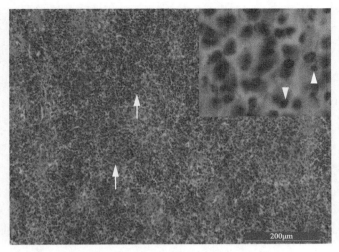

图 8-11　鲟脾脏出血（杨仕豪，2016）

脾脏大面积出血（↑）和炎症细胞浸润（▲）

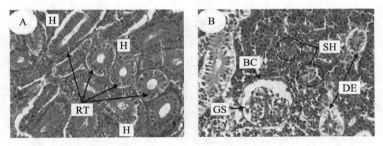

图 8-12　金鱼肾出血（H.E 染色，400×）（Husak et al.，2014）

A. 对照组；B. 杀虫剂暴露组（RT. 肾小管；H. 肾间质；GS. 肾小球萎缩；BC. 肾小囊壁；DE. 变性
的肾小管上皮；SH. 肾间质小出血）

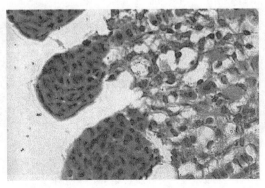

图 8-13　鳃小片末端毛细血管充血（H.E 染色，400×）（汪开毓等，2012）

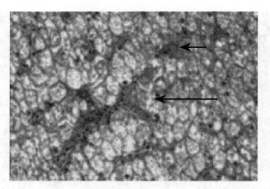

图 8-14　鲟肝淤血（H.E 染色，400×）（徐祥等，2014）
淤血（短箭头）；肝细胞空泡变性（长箭头）

（5）感染鲤春病毒血症后，鲈鲤的多组织病理损伤（图 8-15）。

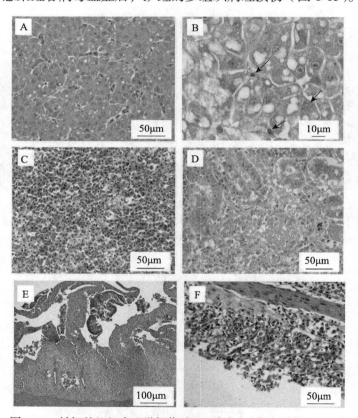

图 8-15　鲈鲤的组织病理学损伤（H.E 染色）（郑李平等，2019）
A.肝淤血，肝细胞空泡变性和脂肪变性；B.肝细胞核固缩，核溶解（箭头）；C.脾出血，网状细胞
增生，淋巴细胞数量减少；D.肾小管上皮细胞变性、坏死，肾间造血组织坏死；E.肠黏膜上皮细胞
坏死，脱落；F.鳃小片上皮细胞增生，坏死

实验九　炎症和肿瘤

【实验目的】

　　掌握炎症和肿瘤时，常见组织形态变化和描述方法。

【实验材料】

　　炎细胞浸润切片和肿瘤切片。

【实验原理】

　　炎症（inflammation）是机体对致炎因子损害所发生的，以血管反应为中心的防御性反应。其主要表现为组织的变质、渗出以及细胞的增生，临床上常表现为红、肿、热、痛和机能障碍。炎症是全身反应的局部表现，往往是构成许多疾病的基础。炎症早期以变质和渗出变化为主，后期以增生为主。变质属于损伤过程，而渗出和增生属于抗损伤过程。

　　鱼的竖鳞症往往是由皮下的炎性积液所造成（图9-1）。

　　炎细胞浸润（inflammatory cell infiltration）：发生炎症时，炎细胞出现附壁、黏着、游出和趋化等特性，其中炎细胞在炎症灶聚集的现象，称为炎细胞浸润。急性炎症时浸润的主要是中性粒细胞；慢性炎症时浸润的主要是淋巴细胞和浆细胞。

　　肉芽肿（granuloma）是由局部组织细胞的炎性增生（巨噬细胞）形成的境界明显的结节状病灶。

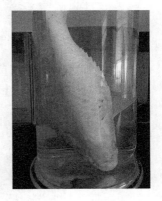

图 9-1　鱼竖鳞症

　　肿瘤（tumor；neoplasm）为在各种致瘤因素作用下，机体局部的某些细胞发生异常增生而形成的，具有异常代谢和旺盛生长能力的新生细胞群。肿瘤组织在细胞形态和组织结构上，都与其来源的正常组织有不同程度的差异，这种差异称为异型性（atypia）。异型性是诊断肿瘤、区别良性肿瘤和恶性肿瘤的组织学依据。肿瘤细胞异型性小，表示它和正常来源组织相似，分化程度高，则恶性程度低；反之，肿瘤细胞异型性大，和正常来源组织相似性小，肿瘤细胞分化程度低，往往其恶性程度高。

【实验方法】

1. 炎细胞浸润切片观察

（1）肝炎细胞浸润时肝细胞排列紊乱，细胞间有大量炎细胞浸润（图 9-2）。

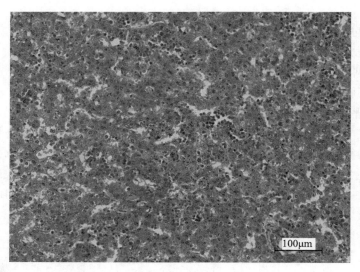

100μm

图 9-2　肝炎细胞浸润（H.E 染色）

（2）细菌性烂鳃病鱼肠炎时肠绒毛脱落，肠壁有炎细胞浸润，主要在肠固有膜和黏膜下层有大量炎性细胞分布（图 9-3 和图 9-4）。

200μm

图 9-3　正常鱼肠道横切片（H.E 染色）

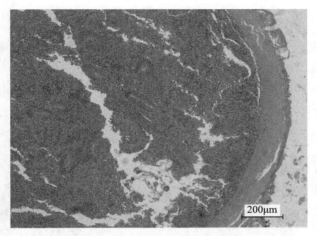

图 9-4　病鱼肠道肠绒毛脱落，炎细胞浸润（H.E 染色）

嗜水气单胞菌感染后，鱼肠道固有膜和黏膜下层炎性细胞浸润（图 9-5 和图 9-6）。

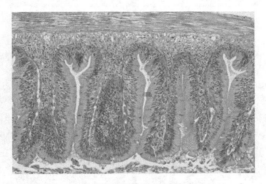

图 9-5　正常鲫鱼肠道（H.E 染色，100×）

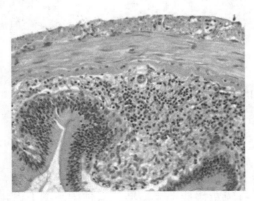

图 9-6　嗜水气单胞菌感染后鲫鱼肠道（H.E 染色，200×）

2. 肝肿瘤切片观察

肝肿瘤细胞（图中左侧）比正常细胞（图中右侧）形态出现明显的异型性，肿瘤细胞群和正常细胞群间有明显的结缔组织构成的分界（图 9-7）。高倍镜下可见肿瘤细胞体积异常增大，细胞胞核体积增大，核质比增高，核大小，形态差别大，核仁明显，体积大且数量多（图 9-8）。

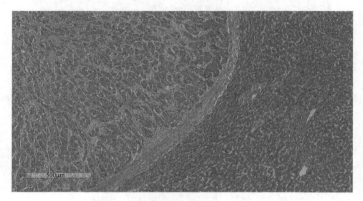

图 9-7　肝肿瘤细胞（左侧）（H.E 染色，200×）

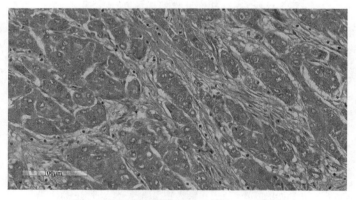

图 9-8　肝肿瘤细胞（H.E 染色，400×）

【实验内容】

炎细胞浸润和肿瘤切片观察。

【实验报告】

读片后绘图，并进行相关的文字描述。

【思考题】

（1）说明变质、渗出和增生三者在炎症中的辩证关系。

（2）甲壳动物有无急慢性炎症类型？从细胞类型上以哪种细胞为主？

（3）鱼类的常见肿瘤及其危害有哪些？

（4）目前，有无对水产养殖类动物肿瘤相关的研究？有何意义？

【附图】

1. 炎性细胞浸润切片观察

（1）鲤春病毒血症时，患病鲤肝坏死，大量炎细胞浸润（图9-9）。

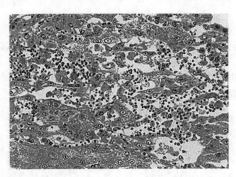

图9-9　鲤肝炎细胞浸润（H.E染色，400×）（汪开毓等，2012）

（2）经蜡样芽孢杆菌和嗜水气单胞菌联合处理后，鲫鱼肠中浸润少量的炎细胞（图9-10）。

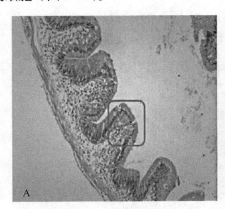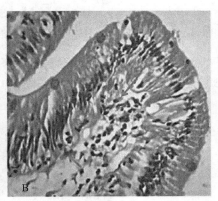

图9-10　鲫鱼肠炎细胞浸润（H.E染色，A. 200×；B. 400×）（Jiang et al.，2020）
A. 对照组；B. 处理后炎细胞浸润

（3）罗非鱼链球菌病时，鱼心肌变性、出血和肌间隙内大量炎细胞浸润（图9-11）。

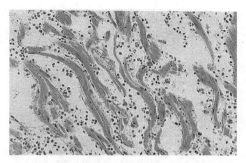

图 9-11　鱼心肌炎细胞浸润（H.E 染色，400×）（汪开毓等，2012）

（4）患斑点叉尾鮰传染性套肠症时，病鱼肾小球充血肿大、肾间造血组织坏死和炎细胞浸润（图 9-12）。

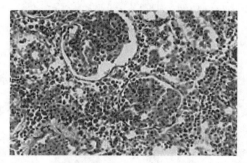

图 9-12　鱼肾间造血组织坏死和炎细胞浸润（H.E 染色，200×）（汪开毓等，2012）

（5）迟缓爱德华菌感染后，斑马鱼腹腔内血管中聚集的炎性细胞，多见巨噬细胞，也可见细菌的分布（图 9-13 和图 9-14）。

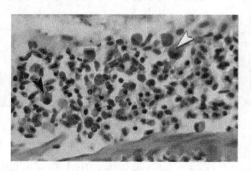

图 9-13　斑马鱼血管内聚集的炎性细胞（Brown 和 Brenn 革兰染色，1000×）
（Pressley et al.，2005）
白色箭头：巨噬细胞；黑色箭头：颗粒细胞

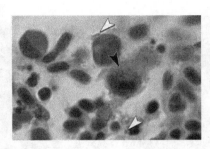

图 9-14　斑马鱼血管内聚集的炎性细胞（为图 9-5 的放大图，3000×）（Pressley et al.，2005）

白色箭头：革兰阴性菌；黑色箭头：巨噬细胞

2. 肉芽肿

（1）患海分枝杆菌病时，鱼肝上的栗粒状结节，呈现多处肉芽肿病变（图 9-15）。

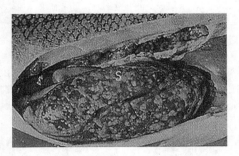

图 9-15　肝肉芽肿（汪开毓等，2012）

（2）患迟缓爱德华菌病的大菱鲆肾脏出现肉芽肿病灶（图 9-16）。

（3）"白鳃病"时大黄鱼脾脏和肾脏出现肉芽肿病灶（图 9-17）。

（4）患病鱼脾脏肉芽肿（图 9-18）。脾脏表面多结节，切片下可见大量肉芽肿病灶。

3. 肿瘤

（1）肝癌（巨块型）：肝内可见一巨块型肿瘤（图 9-19）。肝癌（多结节型），肝脏体积增大，表面及切面可见许多大小不等的结节，边界清楚（图 9-20）。

（2）虹鳟肝癌（图 9-21）：图像右侧肝细胞质被苏木精浓染，细胞核和核仁肥大，细胞质中空泡样结构少。

（3）横纹肌肉瘤：低倍镜下，可见瘤细胞大小不等，形态多样，异型性明显（图 9-22）。横纹肌肉瘤高倍镜下可见瘤细胞大小不等，形态多样，可见瘤巨细胞和核分裂象（图 9-23）。

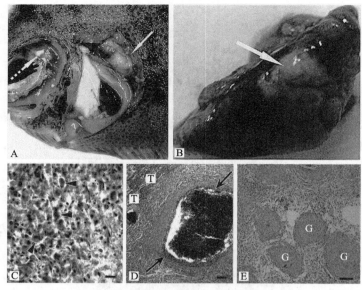

图 9-16 大菱鲆肾脏肉芽肿（H.E 染色；C 比例尺：10μm，D 和 E 比例尺：50μm）（王印庚等，2007）

图 A：虚线箭头示溃疡、变白的鳃丝，白色箭头示肿大、变白的肾脏；图 B：肿大的肾脏具有数个白色黍粒状结节；图 C：切片下观察，巨噬细胞吞噬细菌；图 D：肾脏中有早期肉芽肿，其中央为坏死的细菌、吞噬细胞、造血组织，肾小管（T）；图 E：呈境界清楚的结节状病灶和成熟的肉芽肿 (G)

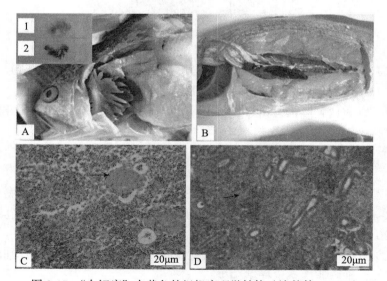

图 9-17 "白鳃病"大黄鱼的组织病理学结构（施慧等，2019）

图 A：病鱼鳃丝苍白（1.病鱼鳃丝，2.正常鱼类鳃丝）；图 B：病鱼脾脏充血呈暗红色，肾脏贫血肿大；图 C：切片下观察，脾脏组织肉芽肿（H.E 染色）；图 D：肾实质有淋巴细胞浸润，有肉芽肿结构（H.E 染色）

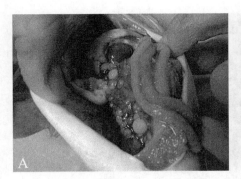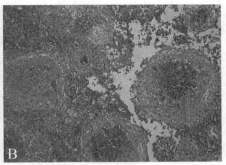

图 9-18　脾脏肉芽肿（Roberts，2012）
A. 脾表面结节；B. 肉芽肿病灶

图 9-19　肝癌（巨块型）（李素云和张悦，2014）

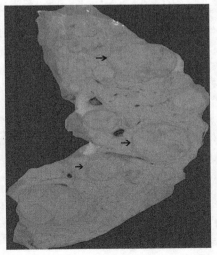

图 9-20　肝癌（多结节型）（李素云和张悦，2014）

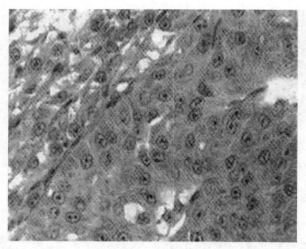

图 9-21　虹鳟肝癌（H.E 染色）（宋振荣，2009）

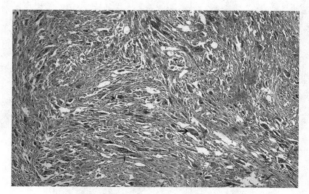

图 9-22　横纹肌肉瘤（H.E 染色，100×）（李素云和张悦，2014）

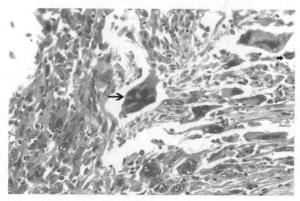

图 9-23　横纹肌肉瘤（H.E 染色，400×）（李素云和张悦，2014）
长箭头：瘤巨细胞；短箭头：核分裂象

（4）斑马鱼鳃的软骨肉瘤：由 7，12- 二甲基苯并蒽（DMBA）诱发的斑马鱼鳃软骨肉瘤（图 9-24），瘤细胞异常增生，体积较大，成群分布，核染色质丰富。

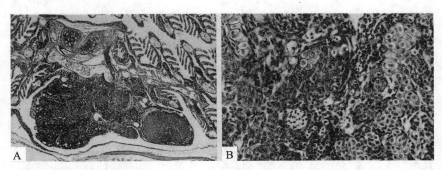

图 9-24　斑马鱼鳃软骨肉瘤（Spitsbergen et al.，2000）

（5）鲤科鱼的皮肤细胞色素（肿）瘤见图 9-25。

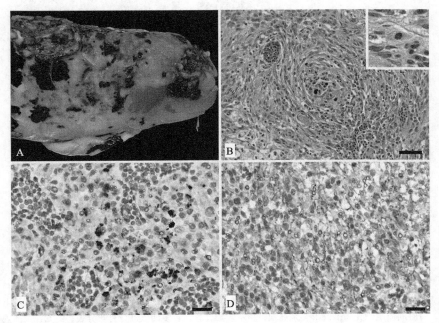

图 9-25　鲤科鱼皮肤细胞色素（肿）瘤（B. H.E 染色，比例尺：50mm；C 和 D. 免疫组织化学染色，比例尺：20mm）（Siniard et al.，2019）
图 A：头部和背部出现细胞色素瘤；图 B：切片下观察，肿瘤细胞呈放射的束状和形成漩涡形，细胞质内存在棕褐色颗粒，右上角小图显示正在有丝分裂的肿瘤细胞；图 C：免疫组织化学染色后肿瘤细胞呈现较强 PNL–2 阳性；图 D：免疫组织化学染色后肿瘤细胞呈现较强 melan A 阳性

（6）大鳞大马哈鱼浆细胞性白血病和大梭鱼体表淋巴细胞肿瘤见图 9-26。

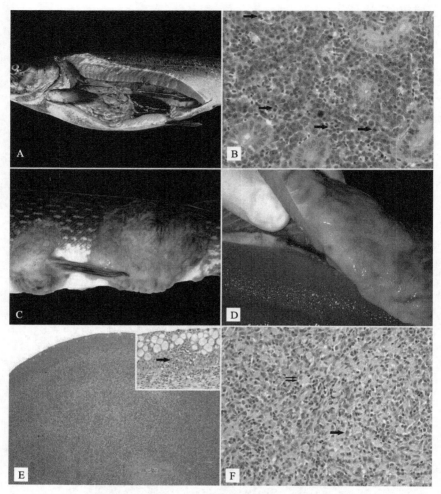

图 9-26　大鳞大马哈鱼浆细胞性白血病和大梭鱼体表淋巴细胞肿瘤
（Coffee et al.，2013）

图 A：大体观察发现，大鳞大马哈鱼浆细胞性白血病的脾脏和肾脏均肿大，变黑；图 B：切片下观察，肾脏间质组织充满椭圆形类浆细胞，核不规则，存在较多的核进行有丝分裂；图 C：大体观察发现，大梭鱼体表淋巴细胞肿瘤，躯干体表存在多个浅褐色结节状皮肤斑块聚集，多呈不同程度的腐烂；图 D：皮肤的聚集斑块延伸到骨骼肌，切割面呈凸起状；图 E：切片下观察，大梭鱼体表淋巴细胞肿瘤的皮肤，真皮层呈椭圆形细胞弥散性浸润，右上角小图示以局灶性椭圆形细胞浸润（箭头）替代正常表皮结构；图 F：皮肤上的椭圆形肿瘤细胞呈现不同程度的嗜酸性泡状细胞质，多形核直径 10 mm（单箭头）到 12 mm（双箭头）

实验十　血清中超氧化物歧化酶
活力的测定

【实验目的】

掌握血清 SOD 酶活力的测定方法。

【实验材料】

蟹血清。

【实验用具】

透析袋、紫外分光光度计、37℃与80℃恒温水浴或气浴箱、离心机、离心管、1000mL 容量瓶、涡旋混匀器、1cm 光径比色皿、超声波清洗仪等。

【实验药品】

氢氧化钠（NaOH）、冰醋酸（乙酸浓度 ≥ 99.5%）、无水磷酸氢二钠、磷酸二氢钾、盐酸羟胺、黄嘌呤、黄嘌呤氧化酶、对氨基苯磺酸、甲萘胺、蒸馏水和双蒸水等。

【实验原理】

黄嘌呤及黄嘌呤氧化酶反应系统产生超氧阴离子自由基，其氧化盐酸羟胺形成亚硝酸盐，亚硝酸盐再与对氨基苯磺酸及甲萘胺反应产生紫红色化合物。当反应体系中加入 SOD 酶之后，会催化超氧阴离子自由基发生歧化反应，进而使形成的亚硝酸盐减少，最终产生的紫红色变浅，通过分光光度计在 550nm 波长处测定未加 SOD 对照管及加入 SOD 样品管中吸光度的变化来计算 SOD 的活力。

【实验方法】

1. 待检血清的收集与制备

从河蟹第三步足基部抽取适量血淋巴。将采集的血淋巴样品于 4℃，4000r/min 条件下离心 20min，取上清液（血清）装入截留相对分子质量为 12000 的透析袋中，用去离子水 4℃透析 4h，取出透析袋中的样品，准确测量其体积（透析体积），从中取出等量样品 A、B 分别放入离心管。A 样品不做处理，B 样品于 80℃恒温水浴或气浴中加热 5min。

2. 试剂配制

（1）1/15mol/L 磷酸缓冲液（pH7.8）：称取磷酸二氢钾 9.08g，用蒸馏水溶解并定容至 1000mL 作为 1 液。同样，称取无水磷酸氢二钠 9.47g 用蒸馏水溶解并定容至 1000 mL 作为 2 液。取 1 液 8.5 mL 和 2 液 91.5 mL 充分混合后备用。

（2）10mmol/L 盐酸羟胺溶液：6.949g 盐酸羟胺溶于 10mL 蒸馏水中备用。

（3）7.5mmol/L 黄嘌呤溶液：22.82g 黄嘌呤溶于 20mL 0.133 mol/L NaOH 稀释液（将 0.4g NaOH 溶于 25mL 蒸馏水中，使用时稀释 3 倍）后备用。

（4）0.2mg/mL 黄嘌呤氧化酶（现配现用且避光）：用 1/15mol/L 磷酸缓冲液（pH7.8）配制并避光保存。

（5）0.33% 对氨基苯磺酸：称取 0.66g 对氨基苯磺酸溶于 200mL 蒸馏水中，避光保存（现配现用，对氨基苯磺酸不易溶解，因此用超声波清洗仪避光处理，水温 60～70℃）。

（6）0.1% 甲萘胺：0.2g 甲萘胺加入 200mL 冰乙酸中，避光保存。

3. 操作方法

利用黄嘌呤氧化酶法测定。每个待检样品需做样品测定管、对照管和样品空白管（5ml 离心管），且均做以下步骤（表 10-1）：

（1）依次加入 1mL 磷酸缓冲液（1/15mol/L pH7.8）、适量样品（样品测定管添加 A 样品、样品空白管添加 B 样品，对照管无此步骤）、0.1mL 盐酸羟胺溶液（10mmol/L）、0.2mL 黄嘌呤溶液（7.5mmol/L）、0.2mL 黄嘌呤氧化酶（0.2mg/mL）和 0.49mL 双蒸水（对照管添加 0.49mL 双蒸水和样品体积数相同的双蒸水，以使每管体积一致）。其中 A 或 B 样品量需提前做预实验，当 SOD 抑制率（参见下方公式）接近 50% 即为此样品的最佳样品量，样品量可通过添加不同体积或使用生理盐水稀释来调节。

（2）将以上混合液用涡旋混匀器充分混匀后置于 37℃ 恒温水浴或气浴中孵育 40min。

（3）孵育结束后，立即加 2mL 0.33% 对氨基苯磺酸后继续添加 2mL0.1% 甲萘胺，将混合液充分混匀，室温放置 10min 后，于波长 550nm 处（分光光度计），1cm 光径比色皿，双蒸水调零，比色，记录吸光值。

表 10-1　SOD 酶活力测定步骤

试剂	样品测定管	对照管	样品空白管
磷酸缓冲液（mL）	1.00	1.00	1.00
样品	A 样品		B 样品
盐酸羟胺溶液（mL）	0.10	0.10	0.10
黄嘌呤溶液（mL）	0.20	0.20	0.20
黄嘌呤氧化酶（mL）	0.20	0.20	0.20
双蒸水（mL）	0.49	0.49+ 样品体积	0.49
用涡旋混匀器充分混匀，置 37℃恒温水浴或气浴中孵育 40min			
对氨基苯磺酸（mL）	2.00	2.00	2.00
甲萘胺（mL）	2.00	2.00	2.00
混匀，室温放置 10min，于波长 550nm 处，1cm 光径比色皿，双蒸水调零，比色，记录吸光值			

SOD 抑制率的计算公式如下：

$$SOD抑制率(\%) = \frac{对照管吸光值 - 测定管吸光值}{对照管吸光值} \times 100\%$$

4. 结果计算

$$SOD样品比活力(U/mL) = \frac{对照管吸光值 - 测定管吸光值}{对照管吸光值} \div 50\%$$
$$\div 加样量 \times 透析体积$$

$$SOD样品空白比活力(U/mL) = \frac{对照管吸光值 - 样品空白管吸光值}{对照管吸光值} \div 50\%$$
$$\div 加样量 \times 透析体积$$

SOD样品真实比活力值(U/mL) = SOD样品比活力 - SOD样品空白比活力

【实验内容】

　　血清 SOD 酶活力的测定。

【实验报告】

　　详细记录实验内容、具体步骤和结果分析。

【思考题】

　　SOD 酶测定的目的与意义是什么？

实验十一　消化酶活力的测定

【实验目的】
掌握常见三种消化酶的测定方法。

【实验材料】
蟹肠或肝胰腺。

【实验用具】

1. 脂肪酶测定

分析天平、锥形瓶、恒温水浴锅、纱布、匀浆机、玻璃棒、容量瓶和高速离心机等。

2. 淀粉酶测定

匀浆机、分析天平、玻璃试管、水浴锅、高速离心机、分光光度计和移液枪等。

3. 蛋白酶测定

匀浆机、分析天平、玻璃试管、水浴锅、分光光度计、移液枪和高速离心机等。

【实验药品】

1. 脂肪酶测定

聚乙烯醇、橄榄油、95% 乙醇、酚酞指示剂、氢氧化钠（0.05mol/L）溶液、蒸馏水和 pH 缓冲液等（pH2～8 采用磷酸氢二钠 - 柠檬酸缓冲体系，pH8～9 采用巴比妥钠 - 盐酸缓冲体系，pH10～10.6 采用甘氨酸 - 氢氧化钠缓冲体系）。

2. 淀粉酶测定

可溶性淀粉、麦芽糖、3，5- 二硝基水杨酸、酒石酸钾钠、氢氧化钠（2mol/L）溶液、蒸馏水和 pH 缓冲液等（pH2～8 采用磷酸氢二钠 - 柠檬酸缓冲体系，pH8～9采用巴比妥钠－盐酸缓冲体系，pH10～10.6采用甘氨酸－氢氧化钠缓冲体系）。

3. 蛋白酶测定

酪蛋白、酪氨酸、福林酚、三氯乙酸、碳酸钠（0.55mol/L）、蒸馏水和pH缓冲液等（pH 2～8采用磷酸氢二钠－柠檬酸缓冲体系，pH 8～9采用巴比妥钠－盐酸缓冲体系，pH10～10.6采用甘氨酸－氢氧化钠缓冲体系）。

【实验原理】

1. 脂肪酶活力

天然油脂被水解后产生的游离脂肪酸可以被氢氧化钠中和，根据消耗氢氧化钠的量间接测定脂肪酶的活力。

2. 淀粉酶活力

淀粉在淀粉酶的催化作用下可生成麦芽糖，利用麦芽糖的还原性与3,5-二硝基水杨酸反应生成棕色的3-氨基-5-硝基水杨酸，测定其吸光度，来确定淀粉酶活力。

3. 蛋白酶活力

福林酚试剂在碱性条件下可被酚类化合物还原，呈蓝色的钼蓝和钨蓝混合物，而蛋白质分子中有含酚基的氨基酸如酪氨酸和色氨酸等，可使蛋白质及其水解产物呈上述反应，故可以利用此原理测定蛋白酶活力。

【实验方法】

1. 脂肪酶活力的测定

（1）试剂配制

1）4%聚乙烯醇：准确称取4g聚乙烯醇，加蒸馏水80mL，放在沸水中加热，用玻璃棒不断搅拌，使其完全溶解，冷却后定容至100mL，用双层纱布过滤后备用。

2）聚乙烯醇橄榄油乳化液：分别量取4%聚乙烯醇75mL和橄榄油25mL，将上述两种溶液混合，用匀浆机匀浆10min，即配成聚乙烯醇橄榄油乳化液，现配现用，保存在4℃冰箱中，1周内用完。

（2）操作方法

1）组织匀浆：取蟹肠或肝胰腺，根据组织的重量，加入20倍体积的4℃蒸馏水，剪碎，用匀浆机充分匀浆，用高速离心机在4000r/min的速度下离心

30min，取上清液，即为组织匀浆液。保存在 4℃的冰箱中，48h 内分析完毕。

2）样品测定：利用聚乙烯醇橄榄油乳化法测定（表 11-1）。取两个干净的锥形瓶，分别为测定瓶和对照瓶。先加入聚乙烯醇橄榄油乳化液 2mL 和适量的 pH 缓冲液至各瓶中（根据不同样品特性，用不同 pH 缓冲液调节至反应所需 pH），置 35℃水浴锅内水浴 5min，在测定瓶中加入 1 mL 组织匀浆液，然后将两个锥形瓶在 35℃水浴条件下反应 15 min 后立即加入 95% 乙醇 7.5mL 终止反应，此时向对照瓶中加入 1mL 组织匀浆液，再分别向两个锥形瓶中加入 3 滴酚酞指示剂，用氢氧化钠溶液滴定，直至微红色出现并保持 30sec 不褪色为止，记录所消耗的氢氧化钠溶液体积。

表 11-1　脂肪酶活力测定试剂步骤

试剂	测定瓶	对照瓶
聚乙烯醇橄榄油乳化液（mL）	2.00	2.00
pH 缓冲液	适量	适量
	35℃水浴，5min	
组织匀浆液（mL）	1.00	
	35℃水浴，反应 15min	
95% 乙醇（mL）	7.50	7.50
组织匀浆液（mL）		1.00
滴加 3 滴酚酞指示剂，用氢氧化钠溶液滴定至微红色出现且 30sec 不褪色		
氢氧化钠溶液消耗体积（mL）	B	A

（3）结果计算：脂肪酶活性大小用 35℃、pH7.5 条件下，每分钟产生 1μmol 脂肪酸为一个酶活力单位（U/g）。

脂肪酶活力计算公式：$$脂肪酶活力 = \frac{(B-A) \times c \times 50 \times n}{t \times 0.05 \times m}$$

式中，B 为滴定测定瓶时消耗氢氧化钠溶液的体积（mL）；A 为滴定对照瓶时消耗氢氧化钠溶液的体积（mL）；c 为氢氧化钠溶液浓度（mol/L）；50 为消耗 1mL 氢氧化钠溶液相当于含有脂肪酸 50μmol；n 为稀释倍数；t 为反应时间（min）；0.05 为氢氧化钠溶液浓度换算系数；m 为组织重量（g）。

2. 淀粉酶活力的测定

（1）试剂配制

1）1% 淀粉溶液：称取 1g 的可溶性淀粉，用少量蒸馏水混合调匀，慢慢加入煮沸的蒸馏水，加热至沸腾，冷却至室温，用蒸馏水定容至 100mL。此溶液当天配制使用。

2）3，5-二硝基水杨酸：准确称取 1g 3，5-二硝基水杨酸，溶解于 20mL 2mol/L 的氢氧化钠溶液中，再加入 30g 酒石酸钾钠，用蒸馏水定容至 100mL。过滤后，保存在棕色瓶中。

3）麦芽糖标准液（1 mg/mL）：精确称取 0.1g 的麦芽糖，用蒸馏水溶解并定容至 100mL。

（2）操作方法

1）组织匀浆：根据组织的重量，加入 20 倍体积的 4℃蒸馏水，剪碎组织，用匀浆机充分匀浆，用高速离心机在 4000r/min 的速度下离心 30min。取上清液，即为组织匀浆液。保存在 4℃的冰箱中，48h 内分析完毕。

2）标准曲线的制作：取 7 支 20mL 的玻璃试管，编号。分别用移液枪加入标准麦芽糖溶液（1mg/mL）0、0.1、0.3、0.5、0.7、0.9 和 1.0mL，再向各试管中加蒸馏水使溶液达到 1.0mL，再向各玻璃试管中分别加入 2.0mL 的 3，5-二硝基水杨酸试剂，沸水浴中反应 5min，迅速流水冷却，加蒸馏水定容至 15mL，用分光光度计在 490nm 下进行比色，测定吸光值。以麦芽糖含量（mg）为横坐标，吸光值为纵坐标，绘制标准曲线。

3）样品测定：取一支洁净的玻璃试管作为测定管，加入 0.5mL 组织匀浆液和适量 pH 缓冲液（根据不同样品特性，用不同 pH 缓冲液调节至反应所需 pH），摇匀，在 30℃水浴中预热 10min，再加入已预热的淀粉溶液 1mL，水浴反应 20min 后，加入 4mL 氢氧化钠溶液（0.4mol/L）终止反应。另取一支玻璃试管作为对照管，在加入 0.5mL 组织匀浆液的同时，加入 4mL 氢氧化钠溶液（0.4mol/L）使酶失活，再加入 2mL 的 3，5-二硝基水杨酸试剂，摇匀。沸水浴中反应 5min 后，迅速流水冷却，加蒸馏水定容至 15mL。用分光光度计在 490nm 波长条件下使用 1cm 光径比色皿进行比色，蒸馏水调零，测定吸光值。通过吸光值与麦芽糖间关系的标准曲线，得出各管麦芽糖含量（表 11-2）。

表 11-2　淀粉酶活力测定步骤

试剂	测定管	对照管
组织匀浆液（mL）	0.50	0.50
pH 缓冲液	适量	适量
氢氧化钠溶液（mL）		4.00
3，5-二硝基水杨酸（mL）		2.00
	摇匀，30℃水浴 10min	摇匀，沸水浴 5min
	已预热的淀粉溶液 1mL	流水冷却
	水浴反应 20min	蒸馏水定容至 15.00mL
氢氧化钠溶液（mL）	4.00	
于波长 490nm，1cm 光径比色皿，蒸馏水调零，比色，测定吸光值		

（3）结果计算：淀粉酶活性大小用30℃、pH7.5条件下，每分钟水解淀粉产生1.0mg麦芽糖为一个酶活力单位（U/g）。

$$淀粉酶活力计算公式：淀粉酶活力 = \frac{(B - B_0 \times V)}{W \times Vu \times T}$$

式中，B为测定管麦芽糖的含量（mg）；B_0为对照管产生的麦芽糖含量（mg）；W为样品重量（g）；V为样品稀释的总体积（mL）；Vu为比色时所用的匀浆液（0.5mL）；T为淀粉酶与淀粉作用的时间（20min）。

3. 蛋白酶活力的测定

（1）试剂配制

1）1%酪蛋白溶液：称取酪蛋白1.0g，先用少量蒸馏水润湿后，缓慢加入0.5mol/L氢氧化钠溶液4mL，润湿，40℃水浴中加热20min，用玻璃棒搅拌使之完全溶解。溶解后冷却，定容至100mL，4℃冰箱低温保存（现用现配）。

2）酪氨酸溶液：精确称取酪氨酸0.10g，用0.2mol/L的盐酸溶液溶解，定容至100mL。保存在4℃冰箱中。

（2）操作方法

1）组织匀浆：根据组织的重量，加入20倍体积的4℃蒸馏水，剪碎组织，用匀浆机充分匀浆，用高速离心机在4000rpm的速度下离心30min，取上清液，即为组织匀浆液。保存在4℃的冰箱中，48h内分析完毕。

2）标准曲线的制作：取6支洁净的20mL玻璃试管，编号。分别加入酪氨酸溶液0、1.0、2.0、3.0、4.0和5.0mL，再向各试管中加蒸馏水补足至10mL。分别取上述各试管中的溶液1.0mL，加入5.0mL的0.55mol/L碳酸钠溶液，1.0mL福林酚试剂，摇匀。置于30℃恒温水浴锅中显色15min，用分光光度计在680nm下进行比色，测定吸光值。以酪氨酸浓度（μg/mL）为横坐标，吸光值为纵坐标，绘制标准曲线。通过Excel软件进行数据分析后计算出标准曲线的斜率即为吸光常数（K）。

3）样品测定：采用福林酚试剂法测定。取两个干净的试管，分别为测定管和对照管。向两个试管中各加入0.5mL酪蛋白溶液和适量pH缓冲液（根据不同样品特性，用不同pH缓冲液调节至反应所需pH），混匀，在35℃水浴锅中预热10min，在测定管中加入0.5mL提前预热的组织匀浆液。然后将两个试管在35℃水浴条件下充分反应10min后，加入1.5mL三氯乙酸终止反应，此时向对照管中加入0.5mL提前预热的组织匀浆液，并将两个试管静置15min。过滤，取滤液1mL于新的试管中，在滤液中依次加入碳酸钠溶液5mL，福林酚试剂1mL，摇匀，在35℃水浴条件下显色15min。用分光光度计 680nm 条件下使用 1cm 光径比色皿进行比色，双蒸水调零，测定吸光值（表 11-3）。

表 11-3　蛋白酶活力测定步骤

试剂	测定管	对照管
酪蛋白溶液（mL）	0.50	0.50
pH 缓冲液	适量	适量
混匀，35℃水浴 10min		
提前预热的组织匀浆液（mL）	0.50	
35℃水浴充分反应 10min		
三氯乙酸（mL）	1.50	1.50
提前预热的组织匀浆液（mL）		0.50
静置 15min，滤纸过滤，取滤液 1.00mL（置于新管做以下步骤）		
碳酸钠溶液（mL）	5.00	5.00
福林酚（mL）	1.00	1.00
摇匀，35℃水浴下显色 15min，于波长 680nm，1cm 光径比色皿，双蒸水调零，测吸光值		

（3）结果计算：蛋白酶活力的大小用 35℃、pH7.5 条件下，1 分钟水解酪蛋白产生 1μg 酪氨酸的酶量为一个酶活力单位（U/g）。

$$\text{蛋白酶活力计算公式：蛋白酶活力} = A \times K \times \frac{4}{10} \times n$$

式中，A 为三次平行试验的平均吸光值；K 为吸光常数；4 为反应试剂的总体积（mL）；10 为反应时间（min）；n 为稀释倍数。

【实验内容】

脂肪酶、淀粉酶和蛋白酶活力的测定。

【实验报告】

详细记录实验内容、具体步骤和结果分析。

【思考题】

列表比较三种消化酶活力测定方法的异同。

实验十二 肌肉乳酸含量的测定

【实验目的】

掌握肌肉中乳酸测定的方法。

实验材料

蟹肌肉。

【实验用具】

分光光度计、分析天平、水浴箱、涡旋混匀器、匀浆机、离心机和移液枪等。

【实验药品】

0.2mol/L 的磷酸盐缓冲液（pH7.5）、DL-乳酸锂（或 L-乳酸锂）、蒸馏水、吩嗪二甲酯硫酸盐、氯化碘硝基四氮唑蓝、乳酸脱氢酶、烟酰胺腺嘌呤二核苷酸（NAD^+）和 5% 乙二胺四乙酸（EDTA）溶液等。

【实验原理】

乳酸（lactic acid）是糖无氧氧化（糖酵解）的代谢产物。乳酸产生于骨骼、肌肉、脑和血液，经肝脏代谢后由肾脏分泌排泄。乳酸测定可反映组织供氧和代谢状态，当肌肉缺氧时乳酸便会在体内形成并堆积。乳酸水平升高会导致多种临床疾病。以烟酰胺腺嘌呤二核苷酸（NAD^+，辅酶 I ）为氢受体，乳酸脱氢酶（LDH）催化乳酸脱氢产生丙酮酸，使 NAD^+ 转化成 $NADH+H^+$(烟酰胺腺嘌呤二核苷酸的还原态) 并将氢离子传递给吩嗪硫酸甲酯（PMS）生成 $PMSH_2$，$PMSH_2$ 又将氯化碘硝基四氮唑蓝（NBT）还原为紫红色呈色物，呈色物的吸光度在 530nm 时与乳酸含量呈线性关系。

【实验方法】

1. 试剂配制

乳酸标准液（5mmol/L）：将 DL-乳酸锂 96mg（或 L-乳酸锂 48mg）溶解于蒸馏水中并稀释至 100mL，4℃保存。

吩嗪二甲酯硫酸盐（PMS）溶液：用蒸馏水配制，浓度为 1mg/mL。

氯化碘硝基四氮唑蓝（NBT）溶液：用蒸馏水配制，浓度为 2.5mg/mL。

乳酸脱氢酶（LDH）溶液：用蒸馏水配制，浓度为 0.5mg/mL。

显色液：磷酸盐缓冲液 1mL、PMS 溶液 0.3mL、NBT 溶液 3mL 和

NAD$^+$15mg，现用现配。

2. 操作方法

（1）组织匀浆：取蟹步足肌肉或腹部肌肉，剪碎。根据肌肉组织的重量，加入 20 倍体积的 4℃蒸馏水，用匀浆机充分匀浆，用离心机 4000r/min 离心 30min。取上清液，即为组织匀浆液。保存在 4℃的冰箱中，48h 内分析完毕。

（2）样品测定：取五只干净的玻璃试管（5mL）依次标记为空白管、标准管 1、标准管 2、样品管 1 和样品管 2，如表 12-1 所示依次添加药品。用移液枪分别在样品管 1 内依次加入 0.02mL 组织匀浆液、0.08mL EDTA 溶液、0.1mL 显色液和 0.1mL LDH 溶液。在样品管 2 内依次加入 0.02mL 组织匀浆液、0.08mL 蒸馏水、0.1mL 显色液和 0.1mL LDH 溶液。在标准管 1 内依次加入 0.02mL 乳酸标准液、0.08mL EDTA 溶液、0.1 mL 显色液和 0.1mL LDH 溶液。在标准管 2 内依次加入 0.02mL 乳酸标准液、0.08mL 蒸馏水、0.1mL 显色液和 0.1mL LDH 溶液。在空白管内依次加入 0.1mL 蒸馏水、0.1mL 显色液和 0.1mL LDH 溶液。将以上混合液均用涡旋混匀器混匀，37℃水浴反应 60min 后，加入蒸馏水 2mL，混匀。在波长 530nm 条件下，使用 1cm 光径比色皿，双蒸水调零，比色，记录 OD 值。

表 12-1 肌肉乳酸含量的测定步骤

	空白管	标准管 1	标准管 2	样品管 1	样品管 2
组织匀浆液（mL）				0.02	0.02
乳酸标准液		0.02	0.02		
蒸馏水（mL）	0.10		0.08		0.08
5%EDTA（mL）		0.08		0.08	
显色液（mL）	0.10	0.10	0.10	0.10	0.10
LDH 溶液（mL）	0.10	0.10	0.10	0.10	0.10
	混匀，37℃水浴 60min				
蒸馏水（mL）	2.00	2.00	2.00	2.00	2.00
	混匀，波长 530nm，1cm 光径比色皿，双蒸水调零，记录 OD 值				

3. 结果计算

组织中乳酸的计算公式：

$$组织中乳酸含量 = \frac{样品管2\,OD值 - 样品管1\,OD值}{标准管2\,OD值 - 标准管1\,OD值} \times 乳酸标准液浓度$$

式中，乳酸含量单位 mmol/L；乳酸标准液浓度 5mmol/L。

注意事项：

（1）组织块置于冰箱 −20℃冷冻，可保存 1 个月左右；−70℃冷冻可保存 2～3 个月。解冻后的样本或组织匀浆必须当天测定。

（2）在批量实验前需要进行预实验，以确定测定绝对值 OD（样品管 1 中测定 OD 值 − 空白管 OD 值）在 0.05～0.35 之间。如果测定绝对值 OD 小于 0.05，则需要加大样本浓度；反之，减小样本浓度（生理盐水稀释）。

（3）因为某些样品中可能含有可使 NBT 还原的其他成分，故在样品管 1 内加入 EDTA，抑制乳酸脱氢酶，消除其影响，增加特异性和准确性。

【实验内容】

肌肉中乳酸的测定。

【实验报告】

详细记录实验内容、具体步骤和结果分析。

【思考题】

乳酸测定的目的与意义有哪些？

实验十三　鱼类红细胞渗透脆性实验

扫码见本
实验彩图

【实验目的】

了解红细胞渗透压原理。

掌握红细胞渗透脆性实验方法。

【实验动物】

鱼。

【实验用具】

注射器、移液枪及枪头、离心管、试管及试管架等。

【实验药品】

1% NaCl 溶液。

【实验原理】

渗透脆性一般是指红细胞在低渗溶液中发生溶血的性质。将红细胞放置于等渗溶液中，其形态不发生改变；放置于高渗和低渗盐溶液中，红细胞的形态和大小常发生改变。置于高渗溶液中，红细胞出现皱缩；置于低渗溶液中则发生膨胀，甚至破裂，细胞内容物溢入血浆或溶液，这种现象称为溶血。

通常用不同浓度的 NaCl 溶液来测定红细胞的渗透脆性，渗透脆性与其抵抗力有关，可通过将血液滴入不同浓度的低渗 NaCl 溶液中，检查红细胞对低渗溶液的抵抗力。开始出现溶血现象的低渗盐溶液浓度，为该血液红细胞的最小抵抗力，而完全溶血时的溶液浓度则为该血液红细胞的最大抵抗力。对低渗溶液的抵抗力小表示红细胞的脆性大，反之表示脆性小，最大抵抗力到最小抵抗力的 NaCl 浓度范围，称渗透脆性范围。

【实验方法】

1. 低渗盐溶液的配制

取 10 支试管洗净晾干，编号后依次置于试管架上，参照表 13-1 向各试管中加入 1% NaCl 溶液，然后再加入蒸馏水，制作终浓度为 0.25%～0.70% 的梯度 NaCl 溶液，每管溶液总体积为 2mL。

表 13-1　低渗 NaCl 梯度溶液的配制

试管编号	A_1	B_1	C_1	D_1	E_1	F_1	G_1	H_1	I_1	J_1
1% 氯化钠溶液（mL）	1.40	1.30	1.20	1.10	1.00	0.90	0.80	0.70	0.60	0.50
蒸馏水（mL）	0.60	0.70	0.80	0.90	1.00	1.10	1.20	1.30	1.40	1.50
氯化钠终浓度（%）	0.70	0.65	0.60	0.55	0.50	0.45	0.40	0.35	0.30	0.25

2. 新鲜鱼血的采集

挑选健康活泼的鱼，采用尾静脉取血方式，获取新鲜血液。

3. 观察记录红细胞溶解情况

用 1mL 注射器（去掉注射器针头）向每个试管内加入 2 滴新鲜血液，轻轻晃动试管（不要用力振荡以免溶血），使血液和 NaCl 溶液充分混合（图 13-1），在室温下静置 1~2h，然后观察各试管的溶血情况（图 13-2）。

图 13-1　刚滴入鱼血液后不同浓度 NaCl 溶液的情况

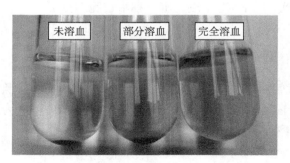

图 13-2　2h 时不同溶血情况

（1）未溶血：试管底部有明显红细胞堆积，上层为无色或淡黄色液体，说明没有溶血。

（2）部分溶血：试管底部有部分红细胞堆积，接近底部的为红色液体，上层为淡红色液体，则表明红细胞部分溶解，发生了溶血，首先出现部分溶血的低渗盐溶液的浓度，为红细胞的最小抵抗力（最大脆性）。

（3）完全溶血：试管底部未见红细胞堆积，试管内溶液呈透明红色，说明红细胞完全溶血，首先引起红细胞全部溶解的低渗盐溶液浓度，为红细胞的最大抵抗力（最小脆性）。

【实验内容】

（1）完成梯度氯化钠溶液的制备。

（2）成功获取鱼的新鲜血液。

（3）正确判断实验鱼红细胞的最大渗透脆性和最小渗透脆性。

【实验报告】

（1）拍照记录未溶血、部分溶血和完全溶血的特征。

（2）判定实验鱼红细胞的最大渗透脆性和最小渗透脆性。

【思考题】

（1）什么是红细胞的渗透脆性？

（2）测定红细胞渗透脆性时，应注意什么？

（3）什么因素会影响红细胞渗透脆性？

（4）简要说明红细胞渗透脆性实验的意义。

实验十四　血细胞吞噬实验

扫码见本
实验彩图

【实验目的】

掌握酵母菌的培养方法；掌握血细胞的吞噬实验。

【实验动物】

鱼。

【实验用具】

高压灭菌锅、培养箱、注射器、载玻片、盖玻片、手持计数器、血球计
数板，微量移液器等。

【实验药品】

蔗糖、0.25%戊二醛溶液、鲜酵母菌、乙二胺四乙酸（EDTA）、中性树
胶、PBS（0.1mol/L）等。

【实验原理】

吞噬作用（phagocytosis）是指生物体内的某些特定细胞识别异物并将
其吞入和消灭的能力，是生物的基本防卫机制。

鱼类血细胞包括粒细胞和单核细胞为主的吞噬细胞，在特异性免疫和非
特异性免疫中发挥免疫调节功能。当病原生物侵入机体时，吞噬细胞可以快
速移动至发炎处，通过识别、摄取、消化和分解等一系列过程抵抗病原生物
的入侵。吞噬细胞广泛分布于鱼体内，尤其以头、肾中居多，以确保鱼类能
有效抵御病原的入侵，快速将其清除。

吞噬作用包括识别、附着、摄取、消化和分解多个相互联系的过程。有
些细菌、衰老细胞和异物等可被吞噬细胞直接识别和附着。而某些抗原性物
质，如病原菌、病毒等必须由抗体、补体和纤维粘连蛋白等识别因子包裹，
通过它们与细胞表面的受体结合才能被识别与附着。

【实验方法】

1. 吞噬用酵母菌的制备

称取 5g 蔗糖，用蒸馏水溶解，并定容至 75mL，作为酵母菌培养基。将
培养基移至 100mL 三角瓶中，用高压灭菌锅 120℃灭菌 30min。待培养基稍
冷却，向三角瓶中加入 1g 鲜酵母菌，用玻璃棒搅拌均匀，再用灭菌后的棉
絮塞紧瓶口。然后把三角瓶放在 25～30℃的培养箱，培养 1～2 天后，转移

至 4℃冰箱中保存。使用酵母菌前，用血球计数板和手持计数器调整酵母液浓度至 $1×10^8$ 个 /mL，备用。

2. 血细胞悬液的准备

用 1mL 注射器进行尾静脉取血（至少 0.1mL）（具体方法见实验二），血液与抗凝剂（0.1mol/L 葡萄糖，10mmol/L EDTA，0.45mmol/L 氯化钠，pH7.0）按体积比 1：1 混合后，用微量移液器取等体积的 0.1mol/L PBS 洗涤，轻轻吹打，之后在血球计数板上用 PBS 调整血细胞浓度为 $1×10^7$ 个 /mL，备用。

3. 血细胞和酵母菌混合观察

在灭菌后的离心管内加入上述经调整浓度后的血细胞与酵母液各 1mL，上下轻轻翻倒离心管 30 次使其充分混合，置于 37℃水浴锅中孵育 30min。

孵育完成后向离心管中加入 0.25% 戊二醛溶液 0.1mL，置于 4℃冰箱中固定 10min 后在载玻片上进行涂片。待涂片自然晾干后用 0.25% 戊二醛溶液终止反应 5min，再用瑞氏染液染色后用中性树胶封片。取 3 尾鱼的血细胞酵母菌混合液，每尾鱼制作 3 张涂片，每张涂片统计 100 个血细胞中吞噬酵母菌的血细胞个数，计算出血细胞吞噬酵母菌的吞噬百分率（接触酵母或接触酵母且自身变形伸出伪足或细胞质内含有酵母者为吞噬酵母菌的血细胞）。

血细胞中红细胞和白细胞均能够吞噬酵母菌。例如，大口黑鲈外周血吞噬酵母菌情况显示：红细胞伸出伪足牵引较远的酵母菌（图 14-1A）；红细胞伸出伪足使酵母菌与之接触（图 14-1B）；红细胞刚接触到酵母菌（图 14-1C）；红细胞膜向内凹陷（图 14-1D）；酵母菌逐渐被吞噬进红细胞细胞质中（图 14-1E）；酵母菌完全被吞噬进红细胞（图 14-1F）；两个红细胞同时吞噬一个酵母菌（图 14-1G）；血栓细胞同时黏附多个酵母菌（图 14-1H）；粒细胞吞噬酵母菌（图 14-1I）；粒细胞在吞噬酵母菌过程中变形（图 14-1J）。

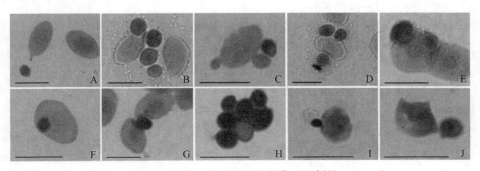

图 14-1　大口黑鲈血细胞吞噬酵母菌（比例尺：10μm）

又如，大口黑鲈新品种'优鲈1号'红细胞吞噬酵母菌过程及部分白细胞吞噬酵母菌观察可发现：红细胞靠近酵母菌（图14-2A）；红细胞伸出伪足牵引酵母菌（图14-2B）；红细胞完全吞噬酵母菌并黏附其他酵母菌，并且在黏附处形成小伪足（图14-2C）；吞噬一个酵母菌的红细胞黏附其他酵母菌（图14-2D）；红细胞黏附酵母菌的部分向内明显凹陷（图14-2E）；左边红细胞正在吞噬酵母菌，右边红细胞完全吞噬酵母菌（图14-2F）；1个红细胞黏附2个酵母菌（图14-2G）；2个红细胞同时黏附1个酵母菌（图14-2H）；1个细胞质红色的红细胞同时黏附3个酵母菌（图14-2I）；2个细胞质不同颜色的红细胞吞噬1个酵母菌（图14-2J）；血栓细胞黏附酵母菌，形成花环状（图14-2K）；Ⅰ型粒细胞黏附酵母菌（图14-2L）；Ⅱ型粒细胞包裹酵母菌（图14-2M）；Ⅲ型粒细胞黏附2个酵母菌（图14-2N）；Ⅰ型粒细胞黏附2个酵母菌（图14-2O左上角）。

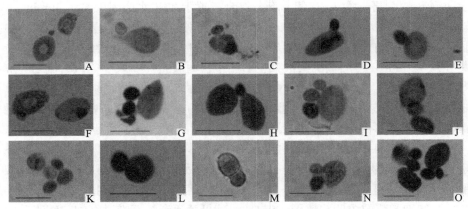

图14-2 '优鲈1号'红细胞吞噬酵母菌（瑞氏染色，比例尺：10μm）

【实验内容】

（1）吞噬用酵母菌的制备。

（2）血细胞悬液的准备。

（3）计算血细胞吞噬酵母菌的吞噬百分率。

【实验报告】

（1）绘制并描述血细胞吞噬酵母之后的形态。

（2）对各类型血细胞吞噬酵母菌的吞噬百分率进行计算与分析。

【思考题】

（1）鱼类血细胞为什么会产生吞噬现象？

（2）鱼类血细胞中哪些种类能够发生吞噬作用？

实验十五　鱼类红细胞微核诱导实验

【实验目的】

掌握血细胞微核形成的原理及形态特征；掌握鱼类血细胞微核诱导技术。

扫码见本
实验彩图

【实验动物】

鲫鱼。

【实验用具】

载玻片、盖玻片、显微镜、计数器等。

【实验药品】

吉姆萨染液、硫酸铜、甲醇和 PBS（pH6.8）等。

【实验原理】

微核（micronuclei，MCN）是真核生物细胞中的异常结构，往往是细胞经过辐射或者化学药物的作用而产生的，有丝分裂后期丧失着丝粒的染色体断裂片段或整个染色体不能向两极移动，游离于细胞质中，在分裂末期不能进入主核，形成主核之外的核块。当子细胞进入下一次分裂间期，它们便浓缩成主核之外的小核，即形成了微核，直径是细胞直径的 1/20～1/3。微核检测是检测细胞染色体畸变的方式之一，目前已成为评价污染物遗传毒性的主要生物标志。

血液指标被广泛用于评价鱼类健康状况及其对环境的适应能力，是良好的生理、病理和毒理学指标。通过检测鱼类外周血细胞中的微核可较准确地反映鱼类生理状态及所处水环境的污染状况。多数鱼类染色体数目较多，不易得到大量分散良好的中期分裂象。因此鱼类血细胞的微核率测定能够直接分析染色体畸变，比其他染色体异常测试更简单快速，具有更好的准确性和可重复性。

【实验方法】

（1）诱导液的配制及实验鱼的处理：用 $CuSO_4$ 配制 Cu^{2+} 为 0.02mg/L 的水溶液（用清水作对照组）。各组分别浸泡鲫鱼48h和96h后，取血。

（2）进行血细胞涂片制作（参见实验五）。

（3）血涂片在室温干燥后，用甲醇固定10min，晾干待染。

（4）用吉姆萨染液染色20～30min，再用 PBS 冲洗掉多余的染液，晾干后备用。

（5）镜检及微核的识别。

将血涂片放置在显微镜低倍镜下，选择细胞完整、分散均匀、着色适当的区域，转到油镜下观察。以红细胞形态完好作为判断制片优劣的标准。

微核（图 15-1）的识别要点如下：

1）体积为主核的 1/20～1/3，并与主核分离的小核。

2）小核着色与主核相当或稍浅。

3）小核形态为圆形、椭圆形或不规则形。

每条鱼每个时间点做 3 张血涂片，每张血涂片计数 1500 个（3 张涂片共4500 个）血细胞，观察并用计数器计数每张涂片中出现微核的血细胞个数，以此计算每条鱼的微核细胞数目平均数，以千分率表示微核率，实验结果记录在表 15-1 中。

表 15-1　实验结果记录

	实验结果	
	对照组（清水）	实验组（0.02mg/L Cu²⁺ 组）
微核率平均值（‰）　48h		
96h		

$$微核率=\frac{各实验组或对照组观察的微核数}{各实验组或对照组观察的血红细胞总数}\times100\%$$

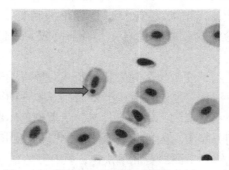

图 15-1　鲫鱼红细胞微核（箭头）（100×）

【实验内容】

（1）诱导液的配制。

（2）血涂片的制作与染色。

（3）微核的识别。

【实验报告】

（1）描述红细胞微核诱变形态特征，并绘图。

（2）比较正常和诱导的红细胞微核率差异。

【思考题】

鱼类红细胞为什么会产生微核？正常的红细胞会不会存在微核现象呢？

【附图】

工业废水能够诱导红细胞不同程度地产生微核，一个红细胞可产生 1 或 2 个微核，也可产生 3～5 个微核（图 15-2）。

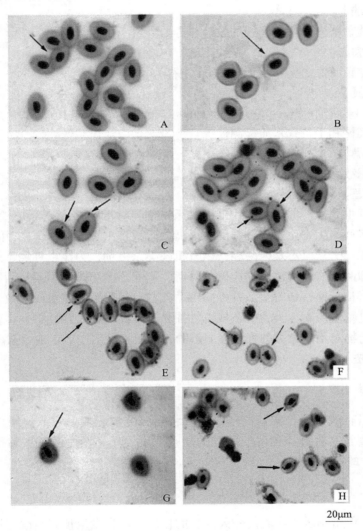

20μm

图 15-2　工业废水诱导南亚野鲮红细胞产生微核（箭头）

（Walia et al.，2015）

A、B. 正常红细胞；C、D. 红细胞中有一个微核；E、F. 红细胞中有 2 个微核；

G、H. 红细胞中有 3～5 个微核

实验十六　渔药敌百虫对鱼的急性毒性实验

【实验目的】

掌握鱼类急性毒性实验的设计与方法。

【实验动物】

孔雀鱼（2g 左右）、金鱼（10g 左右）。

【实验用具】

玻璃养殖箱（长×宽×高：40cm×25cm×20cm）、电子天平、烧杯、量筒、玻璃棒和手持式水质检测仪等。

【实验药品】

渔用敌百虫粉剂（90% 有效成分）。

【实验原理】

敌百虫是水产养殖中常用的一种杀虫剂，对指环虫、三代虫、鱼鲺和锚头鳋等多种水生寄生虫有较强的杀灭能力。敌百虫学名 O，O- 二甲基 1- 羟基 -2，2，2- 三氯乙基磷酸酯，属有机磷类杀虫剂，为昆虫神经系统乙酰胆碱酯酶抑制剂，能抑制乙酰胆碱的降解，引起乙酰胆碱的积累从而影响正常的神经兴奋传递，最终造成神经中毒后死亡。尽管敌百虫可以高效杀灭寄生虫，但过量使用对鱼类也会造成毒性损伤。因此，通过急性毒性实验，可以确定该药物对不同鱼类的毒性强弱范围，从而指导生产上正确用药。

【实验方法】

1. 试剂配制

根据有效成分，实验前用蒸馏水将实验药物配成一定质量浓度的母液备用。实验时将母液稀释成所需的质量浓度使用。渔用敌百虫粉剂配制成 100mg/L 的母液备用。

2. 操作方法

（1）养殖用水为实验前一天准备的自来水。先设定预实验浓度梯度，根据预实验结果，确定使实验动物全部死亡的最低浓度和全部存活的最高浓度，即正式实验的浓度范围，孔雀鱼为 0～1.1mg/L，金鱼为 0～9.0mg/L。

（2）根据预实验结果，按等对数间距法设定本急性毒性实验浓度梯度如表 16-1 所示。取材质大小相同的玻璃养殖箱 36 个，每个养殖箱总水量为 4L，根据浓度，计算每个箱内需加入的敌百虫母液量以及用水量，并用量筒准确量取，玻璃棒充分搅拌混合。

表 16-1　敌百虫浓度梯度设置

药物	实验动物										
	孔雀鱼					金鱼					
敌百虫（mg/L）	0.00	0.20	0.30	0.50	0.80	1.10	0.00	0.90	1.60	2.80	5.00	9.00

（3）用手持式水质检测仪测定养殖箱内溶氧和 pH，确保水质指标正常（溶氧 >5mg/L，pH7～8）

（4）每个养殖箱放入同类规格相近的 5 尾孔雀鱼或金鱼，每个浓度梯度使用 3 个养殖箱作为重复，其中未添加药物的养殖箱作为空白对照组。

（5）采用静态急性毒性实验法（即毒性测定过程中水体不流动），实验室内进行，实验期间不投喂饵料。实验开始后连续 8h 观察实验动物反应情况并记录（如鳃盖开合，游动情况），之后每 8h 观察一次，并每 24h 记录死亡数和存活数。死亡判定：鱼鳃盖无明显活动，玻璃棒触碰鱼体 10sec 内无任何反应即判断为死亡。死亡的实验动物立即捞出清理。实验持续 48h。

3. 结果计算

实验结束后，根据寇氏法公式分别计算出 24h 和 48h 半致死浓度（即 $24hLC_{50}$ 和 $48hLC_{50}$）

$$\lg LC_{50} = \frac{1}{2}\left(X_i + X_{i+1}\right)\left(P_{i+1} - P_i\right)$$

式中，X_i 为药物浓度 i 的对数，X_{i+1} 为浓度 $i+1$ 的对数；P_i 为浓度 i 条件下死亡率，P_{i+1} 为浓度 $i+1$ 条件下死亡率（若 X_i=lg0.2，则 X_{i+1}=lg0.3）。

【实验内容】

通过静态急性毒性实验法测定渔药敌百虫对孔雀鱼和金鱼的急性毒性效果。

【实验报告】

（1）记录不同鱼类对不同浓度敌百虫的反应情况。

（2）计算 24h 和 48h 敌百虫的半致死浓度。

【思考题】

（1）为什么要在实验前测定水质指标？

（2）为何要设置 3 个养殖箱的重复？还有哪些因素影响实验结果？

实验十七　细胞 DNA 损伤诱导实验

【实验目的】

掌握细胞 DNA 损伤的测定方法（彗星检测法）。

【实验动物】

蟹（<100g）。

【实验用具】

荧光显微镜、恒温水浴锅或恒温器、水平电泳仪、台式离心机、pH 计、一次性注射器、离心管、涡旋混匀器、烧杯、容量瓶、载玻片（一面为磨砂）、盖玻片、玻璃培养皿等。

【实验药品】

氯化钠、柠檬酸三钠、葡萄糖、乙二胺四乙酸（EDTA）、磷酸盐缓冲液（PBS，pH7.2）、低熔点琼脂糖、正常熔点琼脂糖、三羟甲基氨基甲烷（Tris）、盐酸、乙二胺四乙酸二钠（Na₂EDTA）、二甲基亚砜（DMSO）、聚乙二醇辛基苯基醚（TritonX-100）、氢氧化钠、碘化丙啶（PI）、草甘膦和蒸馏水等。

【实验原理】

外界环境刺激（如农药、紫外辐射和重金属暴露等）可以引起动物细胞 DNA 损伤，从而导致发育畸形、组织癌变甚至是个体死亡。彗星检测是一种快速、灵敏且简便的检测个体细胞 DNA 断裂的技术。利用细胞裂解液破坏待检测细胞的细胞膜，使受损断裂的小分子 DNA 进入凝胶，并在外电场施加的电场力作用下从细胞核中迁移出来。细胞中的大分子核 DNA 由于核骨架的固定作用使其固定在原位，而断裂的带负电 DNA 小分子片段则在电泳条件下向阳极迁移，且断裂片段越多，彗星尾部出现的 DNA 断片越多，因此在荧光染料染色后看到的彗星拖尾就越长，形状也越弥散。

【实验方法】

1. 试剂配制

（1）0.8% 正常熔点琼脂糖：精准称取 0.08g 正常熔点琼脂糖溶解于 10mL PBS 溶液中。

（2）1% 低熔点琼脂糖：精准称取 0.01g 低熔点琼脂糖溶解于 1mL PBS

溶液中。

（3）甲壳类动物血液抗凝剂：精准称取 10.45g 柠檬酸三钠，19.77g 氯化钠，20.72g 葡萄糖，2.92g EDTA，蒸馏水溶解后，移至 1000mL 容量瓶，定容。

（4）细胞裂解液：首先配制 1mol/L Tris-HCl 缓冲液，精确称取 121.14g Tris 溶解于 900mL 蒸馏水，盐酸调节 pH 至 6.8，定容至 1000mL；然后称取 145.5g 氯化钠，33.62g Na$_2$EDTA 溶解于 850mL 蒸馏水，加入 100mL DMSO，10mL Triton X-100 以及 10mL Tris-HCl，然后蒸馏水定容至 1000mL。

（5）碱性电泳缓冲液：精准称取 2.92g EDTA，12g 氢氧化钠溶解于蒸馏水，定容至 1000mL。

（6）中和液：精准称取 48.46g Tris 溶解于 900mL 蒸馏水，盐酸调节 pH 至 7.5，蒸馏水定容至 1000mL。

（7）PI 染色液：精准称取 0.5mg 碘化丙啶粉末溶解于 1mL PBS 溶液中，配制成 PI 染色储备液，临用前 PBS 稀释 10 倍配制成 50μg/mL 工作液。

2. 实验动物处理

用草甘膦原药配制 5.6mg/L 水溶液，将蟹浸泡 96h 后待用。用清水作对照。

3. 待检血细胞收集与细胞悬液制备

药物处理后的蟹体表用 75% 乙醇擦拭灭菌。用 1mL 无菌注射器在第三步足基部收集适量血淋巴。血淋巴立即与甲壳类动物血液抗凝剂（体积比 1∶1）均匀混合，然后 1200r/min 4℃离心 5min，去除上清。沉淀加入少量 PBS 溶液清洗，然后加入 1mL PBS 将沉淀吹打均匀，血球计数板计数，调整细胞密度至 1×10^6 个 /mL 备用。

4. 操作方法

（1）溶解：0.8% 正常熔点琼脂糖微波炉 20sec 加热熔化后，放入预热的 45℃水浴锅或恒温器备用；1% 低熔点琼脂糖放入 95℃水浴锅或恒温器熔化后，放入预热的 37℃水浴锅或恒温器备用（注：请保持放置在上述温度，否则琼脂糖会凝固而无法进行后续步骤）。

（2）铺底胶：将熔化后的正常熔点琼脂糖取 100μL 至载玻片磨砂面上，立即盖上盖玻片使其平铺，注意尽量不要产生气泡（载玻片要干净，气泡不易产生），然后放入 4℃冰箱 10min。

（3）铺第二层胶：第一层胶稳固后，取下盖玻片，将制备好的细胞悬液

25μL 与 50μL 低熔点琼脂糖混合，用移液枪吹打均匀后平铺于第一层胶上，再次盖上盖玻片，4℃冰箱冷却 10min。

（4）铺第三层胶：取下盖玻片，取 75μL 低熔点琼脂糖，在第二层胶上铺第三层胶（注意平整），4℃冰箱冷却 30min。

（5）细胞裂解：取 4℃预冷的细胞裂解液 20mL 至培养皿中，将载玻片浸没于裂解液中，4℃条件下裂解 20min。

（6）漂洗：取出裂解液中的载玻片，PBS 溶液漂洗 3 次，每次 2min，然后室温放入碱性电泳缓冲液中作用 20min。

（7）电泳：25V，300mA 条件下电泳 20min。

（8）中和：电泳后，取出载玻片放入中和液没过载玻片，中和 3 次，每次 5min。

（9）染色：中和结束后，每张载玻片上加 20μL PI 染色液，避光室温染色 5min，然后用蒸馏水轻轻冲洗多余染液。

（10）荧光显微镜下观察：开启荧光显微镜及荧光光源电源，预热 5min。将载玻片放置于载物台上，在明场（BF）下低倍镜找到合适视野，调节滤光模块，选择激发波长为 535nm（即选择绿色激发模块，染色样品呈现红色荧光）。打开荧光通道挡板，找到红色荧光区域，高倍镜下调节焦距，清晰地看到染色后的细胞。每张载玻片随机选取不少于 10 个视野拍照，观察 DNA 损伤程度

（注：整个操作过程应在暗室中进行，避免对细胞造成额外的 DNA 损伤，影响检测结果）。

5. 结果计算

收集荧光显微镜拍摄的图片，可直观比较不同处理条件下血细胞损伤情况，出现彗星拖尾越长的细胞，表明该细胞的 DNA 损伤程度越严重。记录显微图片中出现彗星拖尾的细胞数量及总细胞数，它们的比值即是拖尾率。比较不同处理条件下（草甘膦和清水）DNA 损伤的差异（拖尾率大小）。如中华绒螯蟹暴露于草甘膦水溶液后，可观测到不同程度的血细胞 DNA 损伤。如图 17-1 所示，A 表示细胞未出现 DNA 损伤，细胞核近圆形，并未出现彗星拖尾；而 B、C 和 D 分别表示细胞出现不同程度的 DNA 损伤，呈现彗星拖尾现象，有一个亮的彗星头部和弥散的彗尾。损伤越严重，彗星头部越小，彗星拖尾越长越亮。

拖尾率的计算公式：

$$拖尾率 = \frac{拖尾的细胞数}{计数的总细胞数} \times 100\%$$

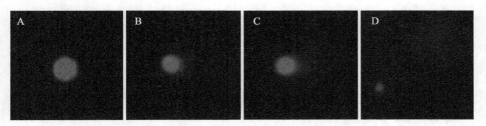

图 17-1　中华绒螯蟹血细胞 DNA 损伤（彗星检测法，400×）

【实验内容】

　　通过彗星检测法观察草甘膦诱导蟹血细胞 DNA 损伤。

【实验报告】

　　详细记录实验内容、具体步骤和结果分析。

【思考题】

　　（1）彗星检测的目的与意义是什么？

　　（2）为什么实验过程要在暗室中进行？还可以列举出哪些能引起 DNA 损伤的因素？

参考文献

陈侨兰. 2015. 大口黑鲈主要黏膜免疫组织和细胞的研究及低氧对其的影响. 成都: 四川农业大学硕士学位论文.

李素云, 张悦. 2014. 病理学实验指导. 北京: 科学出版社.

曲明志, 潘连德. 2016. 池塘养殖锦鲤体表溃疡病的组织病理学观察. 大连海洋大学学报, 31（1）: 47-52.

施慧, 陈卓, 丁慧昕. 2019. 养殖大黄鱼一种黏孢子虫病的组织病理学及检测方法初探. 中国水产科学, 26（1）: 203-213.

宋振荣. 2009. 水产动物病理学. 厦门: 厦门大学出版社.

汪开毓, 耿毅, 黄锦炉. 2012. 鱼病诊治彩色图谱. 北京: 中国农业出版社.

王丹丽, 孙婷, 左迪等. 2012. 红螯光壳螯虾白斑综合征血液病理学研究. 水生生物学报, 36（3）: 441-449.

王坤元, 刘莉, 戴文聪等. 2014. 二乙基亚硝胺诱导建立斑马鱼肝纤维化模型. 南方医科大学学报, 34（6）: 777-782.

王印庚, 秦蕾, 张正等. 2007. 养殖大菱鲆的爱德华氏菌病. 水产学报, 31（4）: 487-495.

徐祥, 李化, 叶仕根等. 2014. 杂交鲟嗜水气单胞菌病的组织病理学研究. 大连海洋大学学报, 29（3）: 227-231.

杨玲, 李志宏. 2019. 细胞、组织与胚胎. 上海: 上海科学技术出版社.

杨仕豪. 2016. 流水养殖场杂交鲟鱼患肝硬化及其转归的组织病理学研究. 上海: 上海海洋大学硕士学位论文.

张勇, 朱晓宇, 郭胜亚等. 2015. 苯肼诱发建立斑马鱼血栓模型的方法. 实验动物与比较医学, 35（1）: 1-5.

郑李平, 耿毅, 余泽辉等. 2019. 一株鲈鲤源鲤春病毒血症病毒的分离鉴定及其病理观察. 中国水产科学, 26（3）: 168-175.